生きたいように生きよう。
私はそう決めたから

自分の人生を誰かのせいにはしない

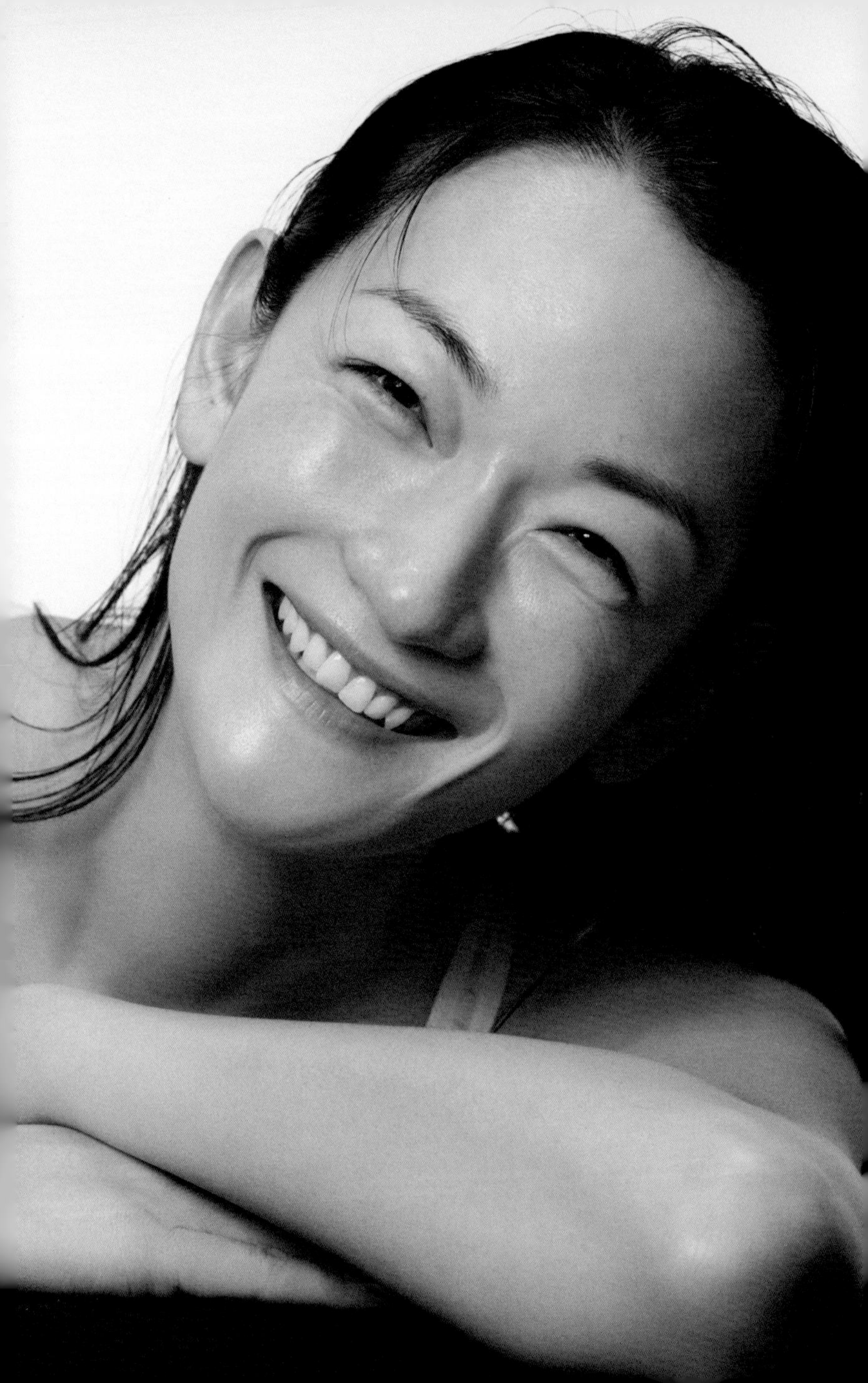

コンプレックスとともに
歩き続けていく

失 敗 は 覚 悟 の う え だ

間違えることに臆病にならない。

ランウェイを歩ける　私でいたい

100歳になっても

冨永 愛

新・幸福論

Ai Tominaga / Shin Kofukuron

生きたいように
生きる

SHUFUNOTOMOSHA

Prologue

雨交じりだった空が、にわかに明るくなってきた。
カーテン越しに差し込む光は、もう夏の気配。

唐突に季節が移るように、人生の景色もあるとき、
突然色合いを変えることがある。
17歳の私がそうだった。
高校の制服を着てルーズソックスをはいた1枚の写真が
雑誌『ヴォーグ』に掲載された日、
私を取り巻く世界が変わった。
息子を産んだ22歳の春もまた、私の人生が大きく変わったときだった。
27時間かけてようやく生まれてきたわが子は、かけがえのない宝になった。

そこまで劇的ではないかもしれないけれど

ここ1～2年の変化にも、私は少しだけ驚かされている。
ファッションの世界ではそれなりに知られていた私だけれど
まさか地方の温泉の脱衣所で、地元のおばちゃんに「将軍様?」なんて
声をかけられるようになるとは思わなかった。人生って、おもしろい。

だからだろうか、さまざまな媒体でインタビューを受けることが増えた。

そのとき必ず質問されるのが「コンプレックスを乗り越える力」だ。

どうやら、冨永愛は世間的に
「コンプレックスを克服して、成功を手に入れた人」

と認識されているようだ。


それは、間違いじゃない。そう、間違ってはいない。

幸せですか?　と問われたら、私は迷わず「イエス」と答える。

でも、それはモデルとして25年以上やってこられたからでも
俳優として注目されるようになったからでもない。
それらはひとつの要素ではあるけれど、あくまで一部にすぎない。
抱え続けたコンプレックスだって、克服できているわけではない。
それでも私は、幸せかと問われたら「イエス」と答える。

41歳の冨永愛は、わりと幸せなんです。

コンプレックスだらけの子ども時代。
そこから脱却するために、英語も話せないのにニューヨークに飛んだ10代。
出産と子育てが、モデルとしての旬の季節に訪れた20代。
自分にとって本当に大事なものが何かが、ようやく見えはじめた30代。
その先に、41歳の「いま」がある。

この先、いま手にしているものをすべて失う日がくるかもしれない。
もしかしたら自分から手放すことがあるかもしれない。
先のことはわからない。でも、ひとつだけ、わかっていることがある。
それはどんな未来になったとしても、きっと私は幸せだろうということだ。

コンプレックスを山ほど抱えていても
ままならない現実に身動きが取れなくなっていても
幸せになることはできる。
苦しかった過去を、癒やすことはできる。
その方法を、いまの私はちゃんと知っている。
それが素直にうれしいのだ。

そんなとき、この本の出版のお話をいただいた。
「コンプレックスを乗り越えて幸せをつかむために、
冨永さんが心がけてきたことを本にしたい」と言われたとき、
私がそんなことを書くなんて、なんだかエラそうだなって感じたのは事実。
正直、迷った。

それでも
私が歩んできた道のりや、その過程で手に入れたいくつもの言葉が
もしかしたら、人生に迷う誰かのヒントになることがあるかもしれない。
冨永愛ができたことなら、自分にもできると思ってもらえるかもしれない。
そうなれたらいいな、なんだか素敵だなって、思ってしまった。それがこの本。

幸福論なんて、めちゃくちゃおこがましいのだけれど

人生を「わりと幸せ」にする方法って、やっぱりあると思っている。
私のやり方が、あなたにぴったり当てはまるとは思えないから
何か役立ちそうなところだけ、適当にアレンジしながら使ってほしい。
当てはまらなかったら、ごめん。それでも手に取ってくれたことに感謝したい。

生きたいように、生きよう。

私はそう決めたから。

冨永 愛

CONTENTS

CHAPTER 02
コンプレックスは消せない

CONTENTS

CHAPTER 04

CONTENTS

CHAPTER 05

有限の美しさを重ねる　161

CHAPTER

01

Ai Tominaga / Shin Kofukuron

生きたいように生きると決めた

運は巡る。
いただいた恩は
誰かに送る

人生の折り返し地点で思う。過分な運をいただいてきた

人生100年時代と言われるけれど、日本人女性の平均寿命は87歳。41歳の私は人生の折り返し地点の目前まで来た、と言えるかもしれない。

「折り返し地点」……あまり好きな言葉じゃない。いま来た道を戻るみたいに感じるから。私は折り返す気などさらさらなくて、このまま前進していく気満々なのだけれど、人生がほぼ半分まで来てしまったことは紛れもない事実だ。


振り返ると、ここまでの人生はとんでもなく運に恵まれていたと思う。もちろん運をつかむための努力はしてきたつもり。それでも巡り合わせというか、タイミングのよさ、いくつもの出会いがなければ、いまの私は存在しない。

何も知らない高校生が、17歳で世界の舞台に挑戦できたなんて、それだけだって信じられないほどの幸運だ。でもそれ以上に、産休や休業期間もはさみつつ26年間

も現役モデルでい続けられたことは、奇跡としか言いようがない。

モデルの年齢の中央値は、だいたい20歳だ。活躍できる年齢は、15歳くらいから20代前半まで。モデルひとりにつき賞味期限3年とも言われる。短い？　いやいや、「3年も活躍できたらラッキー」とまで言われる世界だったのだ。

50代になってもなお、現役モデルでいられるのは超がつくビッグネームだけ。ナオミ・キャンベルとか、ケイト・モスとか。

日本人には想像しづらいかもしれないのだけれど、モデルとしてのポテンシャルのある人なんて、世界中にごまんといる。若さとエネルギーと野心をもった美しいモデルは次々と現れて、それまでいた人は端から押し出されていく。あんなに輝いていた子が、2年後にはもうどこにもいない。そんなことが普通にある。

しかもファッションモデルには流行もある。私が世界に飛び出した1999年頃は、ファッション界が「アジアンビューティー」に注目していた時期だった。これが私には幸いした。モデルになる時期があと2〜3年違っていたら、海外での需要はまったくなかったかもしれないのだ。

さらに時代は動き、ファッションの世界でも多様性が求められるようになった。人種や肌の色、年齢、体型も含めて、「いろんな人がいたほうがいい」とみなが考える時代がきた。だから、こんな会話がどこかであったんじゃないかと想像している。

「アジア人で、若くないモデルで、ランウェイを歩けるベテランはいないの？」

「そもそもアジア人のモデルが少ないし、いてもとっくに現役引退しているよ」

「残っているモデルは？　誰かいないの？」

「ひとりいました！　アイ・トミナガです！」

なんて、想像だけれど。でも、あながち間違いじゃない。冨永愛には、ダイバーシティーの体現者としての需要が生まれたのだと思う。これも運とタイミングだ。

才能あるモデルたちを使い捨てにしないために

２０２３年７月には、パリのオートクチュール・ウィークで「スキャパレリ」のショーに出させてもらった。40歳で、12年ぶりのオートクチュールのランウェイ。

この場所にカムバックできたこともまた、ひとつの奇跡だと思っている。

今回着させてもらったのは、何枚ものレザーをはぎ合わせた巨大なバルーンのような重厚なドレス。洋服の重さは数十キロ。なのに足元はピンヒール。これで狭くて急な螺旋《らせん》階段を上ってランウェイを歩くって、クレイジーだよなぁって、思わずニヤリ。日常からあまりに乖離《かいり》したオートクチュールの世界の、ぶっ飛び具合が私は大好きだ。この場に立てることの誇らしさに、背すじが伸びる。

大丈夫。ふらついたりしない。この日のために準備を重ねてきたのだから。

デザイナーが生み出した世界観を、体現するのは私。うまく歩こうとか、こんなふうに洋服を見せようとか、そんなことは何も考えない。ただその世界に身を置いて、私は歩く。たくさんのフラッシュ、どよめき、拍手。

そうだ。ここが私の居場所。ここが私の歩く道だ。


ショーに出ると、バックヤードで別のモデルに声をかけられることが増えた。

「ファンです」と言ってくれるモデルもいる。うれしいけれど、「子どもの頃からあこがれていました」なんて言葉を聞くと「私って何歳だっけ?」と少し焦る。

改めて、世代交代はすさまじいと思う。でも、このキラキラしたまなざしの若いモデルたちの中に、10年後もランウェイを歩ける子なんているのだろうか。

理不尽だ。「モデルは若い子の仕事。売れなくなったら、ハイさようなら」そんな世界は、理不尽すぎる。25年たっても変わっていないことも腹立たしい。

この世界を少しだけでも変えていきたい。30代でも40代でも50代でも、実力さえあればモデルとして生き続けられるってことを伝えたい。モデルとしては続けられなくなったとしても、セカンドキャリアが見つけやすい世界にしたい。


その思いを形にしたのが、同じ志の仲間とともに設立したいまの事務所だ。この本を書いている段階では、スタッフ5人、モデル3人、カメラマン1人の小さな事務所だが、今後はクリエイター全般をサポートする事務所にしていきたい。

運は巡るものだと信じているし、実感もしている。過分な幸運は、別の形で誰かに渡していかなくては、世界はいい方向に向かうことはないと本気で思っている。

私がいただいた運や恩を、次は別の誰かに送りたい。運が、よい形で巡るような、お手伝いがしたい。それが人生後半戦の、私の重要な仕事のひとつだ。

夢は言葉にする。
オファーがなくても
準備する。
だから扉は開く

時代劇に出たいと公言し続けて、思いがけず将軍様に

私は温泉が大好きで、地方の小さな湯治場のような温泉に行くこともある。脱衣所で素っ裸になっている私に、地元のおばちゃんたちは気さくに声をかけてくれる。「背が高いのねぇ」「モデルさんみたいねぇ」って。もちろん「実は私、モデルなんですけど」などとはけっして言わない。「うれしいなぁ。なろうかなぁ」なんて言って、ガハハハとみんなで笑うのが楽しい。

ところが2023年、状況が変わってしまった。そう、すっかり身バレしてしまったのだ。しかも「えぇ？　上様？」と言われる。「将軍様？」「吉宗様？」あ、そっち？　知っていただき、うれしいんだけど、ちょっと服が脱ぎにくい……。

それもこれも、NHKドラマ『大奥』に八代将軍・徳川吉宗役で出させてもらったからだ。あっという間に冨永愛が幅広い世代の人に知られるようになった。

このドラマは、よしながふみさんの漫画が原作になっている。若い男子にしか感

染しない赤面疱瘡《ほうそう》という伝染病のせいで、極端に男性が減った江戸時代。将軍は女性になり、大奥には生き残っている貴重な男性が集まることになる。男女逆転の大奥なので、将軍は打掛を着た女性が演じる。

出演のオファーがあったとき、私は「よっしゃー！」とガッツポーズをした。ずっと夢見ていた時代劇に出演できるのだ。こんなにうれしいことはない。

でも、どんな役なのかがわからない。さっそく原作を読んでみた。すばらしい物語だった。三代将軍・家光から始まった男女逆転の大奥が、幕末・明治維新で閉じられるまでが、まさに大河のように描かれていた。めちゃくちゃおもしろくて、一気に読み終えた。そして考えた。私、どの役なの？

三代将軍・家光は少女だし、五代将軍・綱吉はめっちゃセクシー。原作漫画のビジュアルから考えても、私には吉宗が妥当だが……吉宗？　いやいやいや、ありえない。オープニングから登場する吉宗は、シーズン1では主役だし、出番も多い。演技経験が少ない私に、こんな大役がくるはずがない。

ところが、フタをあけてみたら本当に吉宗だった。プレッシャーははなはだしかったけれど、大きなチャンスをつかんだと思えた。

夢をかなえてくれるのは、神様ではなく人間だから

ずっとずっと、時代劇に出演したかった。夢、と言ってもいい。

きっかけは、小学生のときに家族で行った会津旅行。白虎隊の少年たちの痛ましい死を知り、歴史の中に埋もれていった多くの人の涙があることを知った。

でも、本格的に自国の歴史を知りたいと思ったのは、モデルになって海外で仕事をするようになってからだった。出会うモデルたちは自分の国の歴史や文化に誇りをもっていて、家族のことを話すように、歴史上の人物を語る。なのに私は日本のことを何も知らない。勉強しなくちゃと思い、まずはとっつきやすい時代小説や歴史小説を読むようになった。そして徐々に時代劇へのあこがれは募っていった。

時代劇に出るなら、馬には乗れたほうがいい。剣も使えたほうがいい。そう考えて、個人的に馬術や殺陣《たて》を習うようになった。なんのオファーもないのに、だ。でも、声がかかってからじゃ間に合わないから。……こうやって書いてみると、我な

がらけっこうな妄想力だと思う。でもそれがよかったのだ。

ちなみに、殺陣を習ったのは侍の役で出演する可能性もあると思ったから。この身長では、お姫様や町娘はなさそうだな、という自己認識。でもまさか、将軍をやるとはね(笑)。

私は夢を口にすることにしている。言葉には魂があるから、やりたいことは必ず口にする。夢をかなえてくれるのは、神様ではなく人間だから、ちゃんと口にしなくては誰の耳にも届かない。

『大奥』からのオファーのきっかけも、私がテレビのトーク番組で「時代劇に出たい」と言ったからだった。それをたまたま『大奥』の脚本家の方が観てくださっていて、冨永愛に吉宗をやらせてみようとひらめいたと聞いた。

「夢を口にして、かなわなかったら恥ずかしい」と思うかもしれない。でも私は、恥ずかしいからこそ準備をする。殺陣も馬術も着付けも習う。準備をしながら、夢を口にする。誰かに届け、と祈りながら。

演技はまだまだ未熟だから、せめて立ち姿だけでも将軍らしくありたいと思って、撮影期間は家の中でも和服で過ごした。衣装に合わせてその世界を表現するのは、私の得意分野だ。将軍の打掛を着て「御鈴《おすず》廊下」を歩いたとき、ここは私のランウェイだなぁと思った。

撮影の途中、ベテランの結い方さん（時代劇のヘアメイクをしてくださるスタッフ）に「こんなにうまく馬を乗りこなせる女優さんを久々に見ました」と言っていただいた。うれしかった。ここまでの準備は無駄ではなかったと、改めて思った。

とても難しい役だったけれど、共演した俳優のみなさんや監督をはじめとするスタッフの方々のおかげでなんとかやりとげることができた。ＳＮＳでも原作ファンに「冨永愛は吉宗にぴったり」と言ってもらえたのはうれしかったし、ほっとひと安心できた。おかげさまでいろいろな機会に評価をいただいた。

代表作と言える役に巡り合えたその始まりは、夢を口にしたから。そしてその準備をしてきたから。それがなかったら運も巡ってこなかったと、私は思う。

間違えることに
臆病にならない。
失敗は覚悟のうえだ

俳優・冨永愛の生みの親、『グランメゾン東京』

実を言えば、俳優の仕事は20代の頃からちょこちょこやっていた。でも私は、あくまで自分をモデルだと思っていた。たまにドラマに出演することがあっても、自分を俳優だとは思えなかったし、そう思うことがおこがましいと感じていた。ましてや、そこで評価を得られるなんて想像していなかった。

私の意識が大きく変わったのは、２０１９年のドラマ『グランメゾン東京』だった。地上波ドラマの経験はなかったから、オファーがきたときは心底驚いた。

のちに、もっと驚くべきことを知る。私が演じるリンダ・真知子・リシャールというジャーナリストの役は、キャスティングが難航したらしい。そんななか、「彼女なら、座っているだけで国際的なジャーナリストに見えると思う」と木村拓哉さんが言ってくださったと聞いた。こんな運命があるのかと心が震えた。

しかもキャストはとんでもなく豪華だ。木村拓哉さん、鈴木京香さんをはじめとする確固たるキャリアも人気もある方々ばかりがズラリ。そこに突然、冨永愛。そのときの心境はただひと言、「やばい……」。

現場では改めて、自分がド新人だと実感した。だからこそ本気でがんばろうと決めた。いままでだって本気だったけれど、本気のレベルを変える必要がある。撮影と並行して、演技レッスンにも通い続けた。

演技レッスンは過去にも受けたが、37歳の本気のレッスンはいままでとは違った。縁があって出会ったキム・ジンチョル先生のレッスンを受ければ受けるほど、その意図が腑に落ちていった。

たとえば悲しい演技をするとき「悲しい感情を演じよう」と思っても、感情に入り込めないこともある。そんなときは身体行動から感情を動かすことが大事だと教えてもらった。いきなり悲しい感情をつくることはできなくても、ずっとうつむいて、頭を抱えていたら、いやでも気持ちは暗くなっていく。胸がしめつけられ、涙さえ出てくる。その段階に体をもっていって初めて、感情を動かす演技ができる、という演技の方法だった。

演じる役の生い立ちを知り、どんな人に囲まれて生きてきたかを考えることも重要だ。どんなふうに笑うのか、コーヒーを飲むとき、どうカップを持つのか、行動を積み重ねていくことで、人物像が浮かび上がってくる。

演技っておもしろい。そう気づいた37歳の「デビュー」だった。

とはいえ、どんなに準備を重ねても、うまくいかないことはたくさんある。みなさんの演技は完璧なのに、私のNGで「やり直し」になると申し訳ない気持ちになるし、悔しい。それでも、映画「世界の終わりから」に出演したとき、紀里谷和明監督に「間違えることに臆病になるよりも、思いっきりやってみて。失敗を恐れなくていい」と言っていただいた。

安心した。どんな世界でもそれは同じ。失敗を恐れてビクビクしていても、よいものはできない。本番になったら、自分ができる最大限のことをする。それは俳優でもモデルでも同じだ。結果、「冨永さんは、度胸あるねえ」とほめていただいた。

そんな「俳優・冨永愛」の生みの親でもある『グランメゾン東京』が、2024年冬にスペシャルドラマとして帰ってくる。この本を執筆中の現在、撮影を進めているところだ。あれから5年、私たちがどう成長したのかも見てほしい。

100歳になっても
ランウェイを
歩ける私でいたい

もう一度ランウェイを歩けるのか。２０２０年の挑戦

２０１４年から3年間、モデルの仕事もテレビの仕事もいったん休止した時期があった。息子と過ごす時間があまりにも不足していたからだ。

そして、30代後半。もうランウェイに戻ることはないのかもしれないと覚悟していた。そんなときドラマ『グランメゾン東京』に出会い、演技のおもしろさにも目覚めた。このまま俳優を目指すという選択肢もある。岐路に立ったとき思った。

もう一度、パリコレに出たい。

最後にパリコレのランウェイを歩いてから10年、私は37歳になっていた。ファッションの聖地と言われるあの場所で、私はもう一度ランウェイを歩くことができるのか。もしもパリコレで歩くことができたら、もう一度ファッションの世界を生きていこう。でも、もしダメなら、別の形のキャリアを考えていく必要がある。その

二者択一の賭けに出ることにした。

賭けに出ることができたのも、『グランメゾン東京』の経験があったからだと思う。多くの人が各自の全力を出し切ってひとつの作品を作る姿を見たからこそ、私の中のもうひとつの世界、ファッションモデルという仕事にふたたび勝負をかけたくなったのだ。

2020年2月、私はパリに到着した。オファーがあったわけではないから、若い子たちにまじってキャスティングに参加するところからスタートした。

キャスティングとはオーディションのことを指す。経験の少ないモデルたちは、キャスティング会場をいくつもまわって仕事を手にする。私のキャリアでキャスティングを受ける人はほとんどいないが、10年ぶりなのだからしかたがない。

正直、めちゃくちゃ不安だった。パリまでやってきて、何ひとつ受からなくて、ランウェイを歩かずに帰る可能性だってある。「冨永愛、何しに来たんだ」って思われるかもしれない。

当時、「セブンルール」という番組の撮影クルーもパリに来ていて、私の挑戦を密着取材していた。引くに引けない状況だった。キャスティングに受からなければ、どんな番組になってしまうのか、全国に生き恥をさらすのかと、かなりのプレッシャーを感じていた。それでも私が今後どう生きるかは、この勝負を経なくては決められない状況だった。

久しぶりのキャスティング会場。私を覚えてくれている人にも会えた。でも、それで選ばれるわけではない。歩き、写真を撮り、「ＯＫ」と言われて帰る。結果は数日後。……ダメかもしれないな。この不安感も久々の感覚。

それでも翌日には「ランバン」などから連絡がきて、ショーに出演できることになった。うれしかったし、安心した。本番は特に緊張もせず、ワクワクというわけでもなく、平静ないつもの私。

久々のランウェイは極上の瞬間だった。ここは私の生きる場所だ、と思えた。

私はやはり、コレクションモデルの仕事が好きなのだ。ショーではやり直しは絶対にできない。１回１回すべてが真剣勝負の場。その一瞬のためにとことん準備して、ランウェイを歩く。わずかな時間で会場の空気を飲みこむほどの雰囲気をつくっていく。

しかも、正解はない。自分ではうまくいったと思っても、次のショーに呼ばれないこともある。何が原因なのか、答え合わせはできない。だからこそ、自分の中の物差しで原因を探り、次につながるように鍛錬をしていく。私はその方法でここまできた。そして、きっとこれからもそうしていく。

１００歳になっても、ランウェイを歩ける私でありたい。

よく働くために
オフを楽しむ。
罪悪感はいらない

仕事とプライベートの割合は半々を目標に

品川駅構内を歩いていたら不思議なものを見かけた。証明写真ボックスのような、宇宙船のブースのような。何かと思ったらリモートワーク用の個室だった。新幹線で品川駅に着いて、すぐにここでリモート会議をするのだろうか。新幹線の中も、昔は寝ている人が多かったけれど、いまはみんなパソコンで仕事をしている。家でも、電車の中でも、カフェに行っても、どこに行ってもみんな仕事をしている。私たちは仕事と24時間365日、簡単につながるのだ。

日本人、忙しすぎない？　プライベートの時間ってあるの？　なのになんで豊かになっている気がしないの？　いったいどういうこと？

人のことは言えない。私だってそうだ。ドラマの撮影をしていると、自分の時間などゼロに等しい。俳優は基本的に「労働者」とは位置づけられていないので、労働基準法に基づく働き方の基準がない。労働組合もない。

私たち演者は「代われる人がいない」ことと「定時がない」ことが一番の問題だ。深夜12時まで撮影して、「明朝8時集合」と言われることも珍しくない。家に帰ってシャワーを浴び、少し眠ったらもう家を出る時間だ。その間にセリフを覚えて演技のシミュレーションをする。みんな、どうやってこなしているんだろう。幼い子を抱えた俳優にとっては、あまりに過酷な環境ではないだろうか。

主演クラスでなければ、ギャラだって多くはない。なのにスケジュールはガッツリ押さえられているので、バイトもできない。韓国の俳優は日本の俳優の約9倍ものギャラをもらっているとも聞く。別の業界から来た身としては、俳優業界の今後がとても心配だ。

プライベートと仕事は、半々であることが私にとっては理想だ。でも、実際にはそんなにうまくは切り分けられない。

せめて、家にいるときにはなるべく決まった時間にしかメールの返信をしないことにしている(関係者各位、すみません)。基本的には、朝起きてすぐにメールは返信する。そして夜のゆっくりできる時間にも。それ以外にはなるべく仕事関係のメールもＬＩＮＥも見ない。そうでなければ守りきれないのがプライベートだ。

それはきっと、どの業界も同じなのだと思う。入社してそんなにたっていない若者や、小さな子どものいるお父さんの早期退職や過労死のニュースなどを見ると、苦しいなぁと思う。こういう人たちを守れない世の中は、やっぱりおかしい。

これを読んでいるあなた、有休が残っていたら使っちゃおう。体と心を休める時間をつくろう。人生の中で何が一番大切なのか、考える時間さえない人が多いのだから。

こんなことを言ってはなんだが、最近、私が悩んでいるのがＳＮＳだ。きれいな景色を見ても、熱々の料理が完成しても「まず写真！」と考えてしまう。プライベートなのに「映え写真」を撮るために仕事モード全開になる。「自然な写真」なんて、自然に撮れるわけがない。

でもなぁ、インスタのフォロワー数がモデルのキャスティングにも重要な意味をもつ時代。がんばって写真を撮りますので、みなさん見てね(笑)。

自分で自分を縛らない。
常にどちらにでも
行けるように

ご縁を感じたらさっと動けるよう、心のギアは常にニュートラル

誰かに「きゃー！」と黄色い声援を送られることなんて、私の人生にあるとは思っていなかった。2023年の「信玄公祭り」でのことだ。赤い陣羽織を着て馬にまたがった私は、沿道に並ぶたくさんの人に「きゃー！」「あいちゃーん！」「こっち見てー！」と叫ばれたのだ。笑顔で手を振ると、また「きゃー！」と叫ばれる。なになに？私、めっちゃアイドルじゃん！

毎年、山梨県の甲府で行われる「信玄公祭り」をご存知だろうか。戦国時代の名将・武田信玄公をしのぶ祭りで、圧巻なのは1千人を超える武者を引き連れて武田信玄公が合戦に赴く大行列だ。「この日のために、日本中の甲冑《かっちゅう》が甲府に集まる」とさえ言われるこの盛大な祭りで、なんと冨永愛が信玄公役を務めさせていただいたのだ。過去の信玄公は、俳優の松平健さん、陣内孝則さん、沢村一樹さんなど錚々《そうそう》たる

顔ぶれ。そこに私が、女性初の信玄公役として迎え入れていただいた。そのおかげで、冒頭の大声援をいただいたというわけだ。

『大奥』の吉宗役を経て、思いもかけないオファーが舞い込むことになった。そのせいか、「冨永愛さんはどこを目指しているのですか?」などとインタビューで聞かれるようになった。

冨永愛はきっと死ぬまでモデルなのだけれど、俳優の仕事をしたり、このような本を出したり、武田信玄になったりもする。だからといって、何か新しいことにチャレンジしなくてはいけない、という義務感があるわけではない。

しいて言えば、ニュートラルでありたいのだ。

車のギアをニュートラルにしておけば、前後左右どちらにも動ける。止まっているわけではないし、いつでも発進できる。「私はこんな仕事はしない」「この世界でなければ私らしくない」などとは考えない。

もちろんすべての仕事を引き受けることはできないし、なんでもやればいいというわけじゃない。それでもご縁を感じたらさっと動ける人間でありたい。挑戦することで、また別の扉が開いていくから。

ものの考え方も、できるだけニュートラルでありたいと思っている。「こうじゃなくちゃダメ」「これが正しい」というような思い込みも捨てたい。自分で自分を縛るようなこともしたくない。過剰なストイックさにも興味はない。

そういう柔軟性をもっていることが、モデルとしてカメラの前に立つときに豊かな表現につながるとも思っている。カメラマン、ヘアメイク、スタイリスト、みんなで試行錯誤しながら、その作品にとって最適なバランスを目指していく。そのためにはモデルもニュートラルでなくてはいけない。

それでも、日々忙しく生きているなかで気持ちが張り詰め、喜怒哀楽に過剰に引っ張られそうになることがある。そんなとき、私は自然の中に身を置く。ただ風景を眺めているだけなのだけれど、風が吹くし、木々は揺れるし、波は寄せるし、日は暮れる。まわりの環境の穏やかな変化の中で、心は自然とニュートラルに戻っていく。

よし、明日からまた働くぞと、そんな気持ちに戻れる。

愛する人に
日々伝えたい
「愛している」と

コロナ禍で痛感した、「人生何が起こるかわからない」

半年ほど前(2023年)にコロナに感染してしまった。逃げきれたつもりだったけれど、ここにきて追いつかれてしまった。5類に移行して世の中は元通りになったように見えるけれど、まだ感染はするし、かかると本当につらい。油断大敵だ。

2020年早春、前述したように私はパリコレで10年ぶりの挑戦をしていた。パリコレの直前にミラノ・コレクションがあり、「イタリアはひどい状況だ」という噂は届いていた。なのにパリに着くと、マスクをしているのは日本人だけ。肩透かしをくらった気分だった。それでもコレクションが始まる3月になるとパリでもマスク人口は目に見えて増え、あちこちに消毒薬が置かれ、パリを去る頃にはマスクが売り切れになった。「これはとんでもないことになる」と震えた。

当時日本ではまだ感染者は少なかったのに、息子から「パリからトイレットペーパー買ってきて」と連絡が入った。はい？ なんでパリのお土産がトイレットペーパー？　日本では間違った情報が出回ってトイレットペーパーが売り切れになる騒動があったのだと、のちに知る。そのせいで私は、トランクにトイレットペーパーを詰めて帰国することになった。

日本に戻ると、状況は日を追うごとに大きく変わった。仕事はしばらくキャンセルになってしまい、ステイホーム。先が見えない日々が始まった。


この年の9月、祖母が亡くなった。がんが見つかってからは、あっという間だった。病院では面会が認められなくて、ほとんど会えないままだった。

シングルマザーで働き詰めだった母を助けて、私たち姉妹を支えてくれたばあちゃんだった。私のことをたくさん、たくさん愛してくれた人だった。

コロナがなかったら毎日病院に通い、そばにいて、何度だって感謝と愛を伝えただろう。そんな当たり前のことができなくなった。私の場合、最後の最後に奇跡的に会うことができたが、それさえ望めない人が多い時期だった。


人生、何が起きるか、本当にわからない。コロナが私にそれをつきつけた。当たり前の日常なんて、あっさりと消えてしまう。震災だって、大事故だって、いつ起きるかわからないのだ。明日をも知れない人生なのであれば、いま何をしよう。

愛を伝えよう、と思った。家族に、友人に、愛する人すべてに。

身近な人だから、私が思っていることなんて伝わっているかもしれないけれど、それでもちゃんと言葉にして言おう。「愛しているよ」「ありがとう」と。

皮肉ではあるのだけれど、コロナ禍は私たちにいろんなことを教えてくれたし、家族が密に過ごす時間をくれた。いままでよりももっとそばにいて、いろんな話ができたと思う。そしてそれをいまも続けている。今日一日が、最後の一日であってもいいように、と思って生きている。

余談ですが、コロナ禍で海外旅行に行けなくなってしまったこともあり、国内旅行に目覚めた。特に新潟にハマっている。米、うまい。酒、うまい。肉、魚、うまい。ついでにラーメンまで最高だ。ホント困る〜と言いながら食べてしまう。もちろん温泉もすばらしい。新潟の温泉案内みたいな仕事、こないかなぁ(笑)。

Q&A
COLUMN
①

**人生 100 年時代と言われていますが、
あと 30 年近くも働くのかと思うと、
自分のスキルが時代についていけるのか心配です。
冨永さんは何か対策はしていますか？
（38 歳女性）**

私がモデルデビューした頃、写真はフィルムの時代でしたが、
いまは完全にデジタルの時代。
そして SNS の時代へと移り、
いまのところついていけているようですが、
これから先、仮想空間や生成 AI の時代になったときに、
正直どうなるのか私にはわかりません。
ただ、いままで自分が培ってきた感性や技術は
どんな時代になったとしても不用になるとは思っていません。
そこは自信をもっていていいと思うのです。
まったくゼロになるわけではないですから。
あとは「なるようになる！」です。

CHAPTER

02

Ai Tominaga / Shin Kofukuron

コンプレックスは消せない

コンプレックスとともに歩き続けていく

「宇宙人」「ひょろひょろガイコツ」だった少女時代

ずっとずっと、コンプレックスの塊だった。

原因のひとつは、私の家庭が「普通の家」ではなかったことにあるかもしれない。母はシングルマザーで、私は父親の顔を知らなかった。

子どもの頃は父の日になると、授業で父親の顔を描かせられるのも普通だった。私にとって父の日は、毎年「ああ、私にはお父さんがいないんだな」と思い知らされる日でもあった。傷つく、というのでもない。ああ、またか、みたいな感覚。

あの頃はいまよりもっとずっと「普通」が重視されていたから、自分には何かが不足しているのだと感じていた。

もうひとつは、身長だ。私は現在179センチあるが、子どもの頃から常に大きい子だった。特に中学生の頃がすごかった。3年間で身長が20センチも伸びた。朝起きるたびに背が伸びている。それが怖くてたまらなかった。

実際、同級生にはよくからかわれた。「宇宙人」とか「ひょろひょろガイコツ」と言われた。思い出したくもないので詳しく書かないけれど、もっとひどいことも言われたし、いじめられもした。

だから、小さくてかわいい女の子がうらやましくてたまらなかった。私はその対極だったから。周囲より頭ひとつ大きくて、顔立ちは個性的。自分が嫌いだった。

表面では気の強い要領のいい子を演じていたけれど、内面ではいつもビクビク、オドオド。そんな自分を隠しながら生きるのだけは、上手になっていた。


世界が変わったのは、モデルという仕事と出会ってから。

中3のとき、姉に「愛は背が高いんだから、モデルになりなよ。読者モデルのオーディション受けてみたら?」と言われた。その瞬間、私の中に何か小さな光がともった気がした。ファッションになんて全然興味がなくて、モデルの仕事のなんたるかもわからなかったけれど、自分を生かせる新しい可能性を感じてしまったのだ。

さっそく近所のコンビニで、姉といっしょにティーン向けのファッション誌をめくった。「これがいいんじゃない?」といろいろ見るのは楽しかった。

写真や履歴書の準備は姉がしてくれて、応募までしてくれた。そしたらまさかの書類選考通過。姉についてきてもらってオーディションを受けると、あっさり合格してしまった。本当に驚いた。身長って、役に立つところでは役に立つんだ。


といっても、日本の少女モデルにはやはり目がぱっちりでかわいい子が求められる。ティーン向けの雑誌であれば、身長だって私ほど高い必要もない。雑誌からは、徐々に声がかからなくなる。ここでもふたたびコンプレックスを抱えることになる。

日本にいても伸び悩むだけだと、17歳のとき世界の舞台へと飛び出した。すると、海外で私はちっとも「巨大」ではなかった。日本という狭い世界の中にいたからこそのコンプレックスだった、と気がついた。オセロの盤で、コマが黒から白にバーッと裏返るあの感じ。身長は私の武器なのだと知った。

でもそれで「めでたし、めでたし」じゃない。

今度は、アジア人として見下される。薄い体も、黄色い肌も、黒い髪も目も、全部がコンプレックスになっていく。

30代、40代、年齢とともに小さくなっていくコンプレックス

結局のところ、どこにいたって私は人と自分を比べることをやめられないのだ。それがコンプレックスをさらに膨らませると知っていても、比べることをやめられなかった。そしてまた落ち込む。私はずっとこのループにハマっていた。

でもいま振り返ると、私にはコンプレックスが必要だったんだとわかる。

私はものすごく負けず嫌いだから、自分の弱点が悔しくて、なんとか努力で埋めようとしてきた。「アジア人はセクシーじゃない」と言われたら、どうすればセクシーに見えるのか、ポージングや表情を磨いた。「アジア人には黒しか似合わない」と言われたら自分に似合う鮮やかな色の服を探して身につけた。死に物狂いで自分にしかない長所を探し、それを磨いた。悔しくて悔しくて、その悔しさが私を強くした。その過程で、私には私にしかない美点があると気づくことができたんだと思う。

とはいえ、子どもの頃から抱えてきたコンプレックスはいまもしっかり残っているし、たぶん一生消えることはない。誰かに指摘されたら瞬間的にカッとして、すぐにファイティングポーズになるだろう。でも不思議なことに、コンプレックスはしだいに昔ほどの脅威ではなくなってきた。

それは積み重ねた自信のおかげだ。仕事をして、評価されて、なんとかここまでやってくることができたという自信。それはモデルでなくても、どんな仕事をしていても身につくものだと思う。外見は何も変わらなかったとしても、仕事や生き方で自信をもつことができればコンプレックスは薄まっていく。

あとは、単純に年齢の問題もあるかもしれない。私も20代、30代、40代と年齢を重ねるごとに、以前ほどには気にならなくなってきた。年齢を重ねて図々しくなった？　いや、度量が広がったということだ。

だから、いま悩んでいる人もきっと大丈夫。仕事や恋愛や生き方で自信をつけていけば、コンプレックスは自然と脅威じゃなくなる。

その意味で、年をとるってけっこういいものだと、私は思うのだ。

自分の人生を
誰かのせい
にはしない

貧しい家に生まれた私が、「親ガチャ」という言葉を嫌う理由

2〜3年くらい前、「親ガチャ」なる言葉を知った。流行語大賞にもノミネートされたらしいけれど、この言葉に私はちょっとムカついている。

親ガチャとは、「子どもは生まれる家庭環境を選べない」「当たりはずれがある」ことを指す。なかでも「家庭が裕福であるかどうかで、子どもの人生が決まってしまう」という意味で使われるらしい。実際、さまざまなデータからも、家庭の収入と子どもの進学する学校の偏差値や、将来の収入の額は比例すると言われている。

確かに親は選べない。それは事実。けれど親だって、子どもを選ぶことはできないよね。「親ガチャだ!」なんて息子に言われたら、「こっちは子ガチャだよ!」と言い返してしまいそうだ。口が悪くてごめんなさい。

私は昭和生まれなので、若い頃はまだ「目上の人を敬うことは当たり前」という空

気があった。それはもちろんいい面もあるし、悪い面もあるだろう。いや、悪いこともかなり多かった。いまで言うパワハラは当たり前のように横行していたと思う。

同世代の人には共感してもらえるんじゃないかと思うけれど、学校には先輩後輩の謎のルールがあって、たとえば1年生は白のスニーカーしか履いちゃダメだけど、3年生になったら色が入っていてもOKとか。1年生が色つきのリップクリームをつけると生意気だと先輩たちに叱られたりもした。校則とは別の、先輩後輩ルールが存在していたのだ。

そんな1歳2歳の違いでも上下関係があったのだから、それ以上の年齢差においてはもっとひどい。先生は生徒を殴ったし、親は子どもを体当たりでしつけた。あの頃がよかっただなんて、私は全然思わない。押さえつけられていたから子どもの反抗期は激しくて、中学生くらいで荒れる子は少なくなかった。

私も、まあ、ちょっと荒れた。母親のことを悪く言ったし、反発もした。でも、母へのリスペクトが失われることはなかった。

私の母はシングルマザーで、私たち3姉妹はみな、父親が違う。すっごく貧乏で、トタン屋根の狭い長屋みたいな家に住んでいた。ついでに言えば、くみとり式の〝ぼっとんトイレ〟。友だちに家を見られたくなかった。恥ずかしくて。

でもその家は、母がひとりで朝から深夜まで働いて得たお金で住んでいる家だった。私たち子どもは、それをちゃんと知っていた。当時「親ガチャ」なる言葉があったとしても、私たちは「ガチャのハズレ」とは言わなかったはずだ。

当時の私は思春期&反抗期で、暴言を吐きたくなる時期ではあったけれど、「死ね」とか「クソババア」とかは絶対に言わなかった。言いたくなると外に出て、深呼吸していたことを覚えている。

困った状況を人のせいにしても問題は解決しない

私は母が寝ているところを見たことがなかった。母は昼間の仕事が終わると夜はスナックで働いて、その合間に食事を作り、私たちの世話をした。その頃、1日2、3時間くらいしか寝ていなかったせいで顔面神経痛になっていた母を覚えている。

私が大人になってから、「お母さんは昼も夜も働いて大変だったよね」と言ったことがある。そしたら母はカラカラと笑って「お酒が好きだからスナックで働いたのよ。スナックで働いたらタダでお酒が飲めるでしょ！」と言った。なんかこの人、かっこいいなぁって思った。

「親ガチャ」って結局、自分がうまくいかないことを親のせいにしているってことなんだと思う。確かに容姿も、家庭環境も、自分で選んで生まれてくることはできないけれど、その先をどう生きるかは自分で決められるんじゃないのかな。

息子に口を酸っぱくして言っていることがある。それは「人のせいにするな」ってこと。なぜかというと、人のせいにしてしまうと絶対に物事はいい方向に進まないから。一瞬は「自分のせいじゃない」と安心するかもしれないけれど、問題は何も解決しない。

だったら、とことん自分のせいにしよう。「自分のせい」と考えるからこそ、人は解決方法を必死で探す。自分で考えるから、自分で動きだせる。そして動きださなければ、現状は何も変わりはしない。

最近のニュースを見ていると、人のせいにする人ばかりが登場する。上司のせい、部下のせい、秘書のせい。自分の人生の責任を自分で取れる人のことを「大人」というのではなかったのか。自分自身も含め、人と社会に対して責任感をもった大人になりたいものだ。


ただ、最後にひとつだけ補足させてください。

「親ガチャ」と思っている人の中には、親がアルコール中毒だとか、虐待やDVをしているなどのケースもある。なかにはヤングケアラーとして親を支えている人もいるかもしれない。その場合はけっして「自分のせい」「自分ががんばらなくちゃ」などとは思わないでほしい。子どもは、家庭の中で与えられる抱えきれないほどの苦しさを自分ひとりで抱えようとしてはいけない。必ず、学校のカウンセラーや児童相談所など、しかるべき専門家に相談してほしいと心から願っている(※)。

※相談窓口の例を198ページに掲載しています

怖いときほど「大丈夫！」と自分に言い聞かせる

転校を繰り返すなかで身につけた処世術が、意外に役立つ

転校の多い子ども時代だった。幼稚園は2つ、小学校は3つ経験している。この転校経験は、私の性格にすごく大きな影響を与えていると感じる。

小学生のときは、学校が2年おきに変わった。その都度、幼いなりに学校にどう溶け込むか、どう親しい友だちをつくるかは考えていた。簡単に言えば、いじめられないためにどうしたらいいかってこと。ただでさえ目立つ外見なので、いじめられる恐怖は常にあった。

そのたびに、私は私に声をかけた。「大丈夫！」って。学校でいじめられていたときも、学校には行った。自分で自分に「大丈夫！」って声をかけながら。

大丈夫って言ってくれるのは自分だけだった。母は仕事で忙しかったし、あの時代は「学校に行きたくない」と言っても「ダメ！」と言われるだけだったから。

誰も自分を救ってくれないときには、自分で自分を救うしかないと私は幼いときに知ってしまった。大丈夫、大丈夫、大丈夫って言い聞かせることが、いつしか私のサバイバル方法になっていった。

いくつかの経験を経て、高校生になる頃には私は自分の立ち位置を見つけた。「つかず、離れず」というポジションだ。友だちはいるし、笑顔でおしゃべりもする。でもトイレにはひとりで行くし、お弁当もひとりで食べてもへっちゃら。友だちといる時間も大切だけれど、ひとりでいても気にならない。そんなポジションで落ち着いた。

ここは思った以上に居心地のいいポジションだった。誰かから「ねえねえ、○○が愛の悪口言ってたよ」と聞かされても、「そうなんだ」で済ませられる。私はもともとひとりなんだから「大丈夫」って思える。

実際、女の子どうしのカチッとした結びつきが苦手なんだと、その時期に気づけるようになった。逆に、そんな私とつきあってくれる「似たもの」どうしの仲間もできた。いまでもときどき会うのはそんな友だちだ。

子ども時代の経験や、自分の立ち位置のつくり方は、海外での仕事に本当に役立った。ファッションの世界は弱肉強食。怖いんですよ、ファッション業界って。

だから最初の頃は、よくひとりで落ちこんだし、涙する日もあった。明日なんて永遠にこなければいいと願って泣いた日も、「大丈夫」という言葉が私を勇気づけた。初めてニューヨークに行ったときも、泣きついてくる息子を残して仕事に向かった日も、4年前に10年ぶりのパリコレに挑戦したときにも、私は私にこう言った。「大丈夫！」って。

自分を励ましてくれるのは自分だけ。自分が信じてあげなくちゃ、誰も自分を信じてくれはしない。私はそれを知っていたから、なんとかここまで来られた。

みなさんも、なんでもいいからおまじないの言葉を1つか2つ持っているといい。逃げたくなったとき、きっとその言葉は自分を助けてくれるから。自分の言葉が自分を救ってくれるから。

若いときは生意気がいい。
いい子になんて
ならなくていい

右も左もわからない外国の街で、勝負に出た17歳

以前、あるカメラマンが昔の私の写真を見てこう言った。「今回の写真には、この目が欲しいんだよね」と。それは20歳前後の頃に撮られた写真だったと思う。敵をにらむような、世の中全部を恨んでいるような、青白い炎を宿す目だった。

カメラマンのリクエストに応えることはできたと思うけれど、私は知っている。もう二度と、あの目はできないって。あの目は、あの時だけのものだから。

初めてJ・F・ケネディ空港に降り立ったのは、17歳の春だった。日本のモデル事務所に所属していたけれど、私は当時のティーン誌にフィットするモデルではなかった。周囲の大人に「だったら海外に行ってみれば?」と言われて、「じゃあ、やってみようかな」と思った。いま思うと、めちゃくちゃ怖いもの知らず。

海外での初めての仕事は、ニューヨークでの雑誌撮影だった。雑誌『ヴォーグニッ

ポン』に掲載された制服にルーズソックスという姿の写真がきっかけで、私は世界の舞台に出ていくことになる。

といっても駆け出しのモデルだ。順風満帆とは言い難かった。

海外で活躍するモデルたちは、基本的にファッション・ウィークをまわることになる。これはニューヨーク、ロンドン、パリ、ミラノというファッションの主要都市で行われるファッションショー（コレクション）のことで、いわゆる「パリコレ」もそのひとつだ。各都市をグルグルとまわりながらショーが開催されるので「コレクション・サーキット」とも呼ばれる。

コレクションに出演するためには、各ブランドのオーディションであるキャスティングを受けなくてはいけない。キャスティングはショーの1～2週間前に行われるから、それまでに現地に飛ぶことになる。

私が初めてキャスティングに参加したのは17歳のときのニューヨーク・コレクションだ。あのときはもう、とにかく不安だった。

エージェントがやってくれるのは、キャスティングのスケジュール調整だけ。「明日はここと、ここと、ここと、ここに行って」という指示が書かれたメモを渡されるが、誰もついてきてはくれない。ニューヨーク、ひとりぼっち。

当時の私は英語力ゼロで、イエスとノーしか話せない。自動翻訳機なんてドラえもんの世界にしかなかった時代だ。話せないのはもちろん、聞き取れもしない。そんな状態で、たったひとりで会場をいくつもまわってオーディションを受けるのだ。グーグルマップだって、もちろんない。ホテルで、前夜に紙の地図を広げて会場の場所を確認し、効率よくまわる方法を考えてから眠った。

初のラルフ・ローレンのショーでの「くっそー!・」な出来事

多い日で1日に15カ所のキャスティングをまわる。だいたい、全部落ちる。翌日も受ける。また落ちる。ヒールの靴はバッグに入れてスニーカーで歩きまわっているのに、スニーカーさえボロボロになる。それでも、また落ちる。

キャスティング会場での対応がまたひどい。大量のモデルをさばくのは大変なのだろうけれど、ブック(ポートレートなどをファイルした資料)を渡してもほとんど見てももらえず、「フン!」みたいな対応をされることも少なくない。無言で手をヒラヒラ振って「もう帰りなさい」みたいに指示されたこともある。

彼らにとって、キャスティングを受けに来る若いモデルなんて、人間以下の存在なのかもしれない。でも私たちは、ちゃんと傷つく。傷ついた心を抱えながら、切り替えて、切り替えて、次の会場に向かう。

負けない。負けるもんか。そんな思いばかりがどんどん強くなっていく。こびない、泣かない、いじけない。気持ちは常にファイティングポーズだった。

それがよかったのかもしれない。初めてのニューヨーク・コレクションでは、13のショーに出演できることになった。これはかなりの快挙だったようで、事務所の人が目を丸くしていたのを覚えている。

しかもその中に新人としては異例中の異例、ラルフ・ローレンのショーが含まれていた。正直、「あのラルフ・ローレン?」と舞い上がるような気持ちになった。

でも、そのショーで私に用意されたのはラルフ・ローレンらしくない、スポーティーなアイテム。足元はスニーカー。周囲はみんなピンヒールのパンプスや、かっこいいブーツなのに、なんで私だけスニーカー？　アジア人だから？

正直、悔しかった。悔しければ悔しいほど、「絶対に負けるもんか！」という気持ちが湧き上がってきた。悔しさも不安も、全部エネルギーになってくれた。

そのおかげか、翌日の新聞のコレクション情報では、私のスニーカー姿が一面を飾っていた。負けるもんか！　の迫力が、実を結んだのかもしれない。

生意気だったなぁ。でも、生意気でよかった。反抗期のままでよかった。

久しぶりにこうして昔を振り返ったら、自分が母みたいな目線になっていることに気づく。小さな愛ちゃん(いや、小さくはないか)に伝えたい。

がんばってくれてありがとう。おかげで私は、40代のいまもまだモデルを続けることができているよ、って。

そしていままでも、さほど丸くはなれないでいることも、ついでに教えてあげたい。

いまの自分が幸せであれば
過去の自分も
許せるようになる

過去は消えないけれど、分けて考えることはできる

まだ41歳の私が「これまでの人生は」なんて語れるわけではないのだけれど、これまで生きてきた年月の中には、それなりにいろんなことがあった。いいこともたくさんあったけれど、「この時期って、大殺界だったんじゃないだろうか」みたいに、悪いことばかり続く時期もあった。苦い記憶だ。

その記憶の中には、少なからず、後悔というものが横たわっている。記憶の苦さは、誰かへの怒りや恨みではない。多くの場合、苦さの正体は過去の自分に対する後悔だ。唐突に昔の会話がフラッシュバックして、「うわー!」と叫びたくなってしまうこともある。10年前や20年前のことなのに、昨日のことみたいに鮮明によみがえって、後悔という刃で心の深い部分を攻撃する。

みなさんにもないですか？　こんなふうに自分の中の「後悔」が呼びさまされるよ

うな瞬間。こういう記憶は、きれいに忘れることなんてできないんだろうなと思う。思い出しては、いつも同じような自己嫌悪に陥るのだ。

でも最近、ちょっと気づいたことがある。10年前よりいまのほうが、自分で自分を優しく許せるようになっているのだ。

苦しい記憶がよみがえっても、「大丈夫、大丈夫、それはいまのことじゃないよ。もうはるか昔に終わったよ」って私に言える。「後悔していても、それでも私はずっと前に進んでいる、もう大丈夫」と思うことができる。

私は私に、ずいぶん優しくなったなぁって思う。

なんでだろう？　と考えた瞬間、答えがわかった。私はいま、たぶん、自分が幸せであることを認識しているからだ。

家族や友人、愛する人たちを大事にできていて、自分の納得いく仕事をしている。私はその幸せをちゃんと「幸せである」と受け止めることができている。

もしも、過去に何かつらいことがあったとして、そこから逃れたいと思っているのであれば、いま自分が幸せであることを認識して、過去にフィルターをかけるのが一番の近道だと思う。

楽しい、うれしい、おもしろい、笑える、心が温かくなる——そんな時間を、意識的につくって、幸せな自分を思う存分感じてみる。待っているんじゃなくて、自分から動く。そうすると、過去といまが、すでに別次元であることに気づくと思う。

ダメな自分はダメな自分としてあるし、消せない過去は一生消せない。でもそれはそれとしてパラレルワールドに置いておいて、いまは別次元で全力で未来に向かう。過去を片手に持ったままでも、視点はいつも遠くを見ている、そんなイメージかもしれない。

それでも過去の私はいつだって私の中に潜んでいて、ときどき思いがけないところで叫びだす。そんなときには、「大丈夫、大丈夫」と言って優しく許してあげられる、未来を見ている私でいたいと常に思っている。

〝落ち込みの沼〟には
はまらない。
いつもの私に戻って眠る

心を平穏に戻すための方法をたくさんストックしておこう

過去の苦い記憶の話をしたけれど、もうひとつ大事なことがあると思っている。「現在の私」が、未来の私の後悔のタネをつくらないことだ。60歳の冨永愛に、「41歳の冨永愛ってサイテーじゃん」とののしられるのは、できれば避けたい。いまの私が18歳の自分をねぎらうように、60歳の私にも「がんばったじゃん」とほめてもらいたい。そのために私は、「その日の反省はその日のうちにしてしまう」ということを実践している。

夜眠る前に、私は今日一日のことを思い出す。今日の出来事をひと通り思い出したうえで、よかったこと、悪かったことも考えてみる。うまくいったことは、うまくいった理由、失敗したことは失敗した理由をちゃんと考えて、分析して、反省すべきところは反省する。謝罪したほうがいいと思ったら、その場でメールを送るなどして対応する。翌日にまで引きずらないことを、私は自分に課している。

そして反省タイムは、今日のことだけに集中する。1週間前や1年前の出来事はもう「決済済み」のファイルに入っているはずなので、そこから引っ張り出すことはしない。もちろん必要と感じたときにはするけれど、多くの場合は無駄に広げるだけになるから、なるべくしない。

そして空っぽになってベッドに入って眠る。ちゃんと眠る。翌日の私は、新しい私だ。前日を引きずらずにすっきり目覚めるようにしている。

忘れっぽい私の性格が功を奏しているのかもしれないのだけれど、これは案外いい方法だと思っている。

それでもモヤモヤが残っていたら、私は自然の中に行く。山に行ったり、海に行ったり。前章でお話ししたように、心をニュートラルに戻すのだ。

ほかにも私は、いろんな方法でリセットしている。たとえば温泉やサウナ、酵素温浴に行く。汗といっしょにストレスも流れていくみたいでとにかく気持ちいい。

おいしいものを食べるのもいいよね。いつもはガマンしているもの、たとえばラーメンとか、ポテトチップスとか、甘いケーキだとか。しんどいときには、自分をちょっとだけ甘やかすことにしている。

本を読むのもいい。私は現実から離れた物語を読むのが好きだ。おすすめしたいのは歴史小説。司馬遼太郎さんの『坂の上の雲』で歴史小説にハマった私なので、長編の歴史ものは大好物。時間がとれるなら、宮本輝さんの『流転の海』をおすすめしたい。全9巻で、登場人物は1500人を超える。著者が40年近い年月をかけて描ききった大河小説だ。現実を離れて他者の人生に飛びこんでみると、自分のいまが客観的に見えてきて、「なんとかなるかも」と思えるから不思議だ。

少し変わったところでは、写経もする。筆をとって般若心経を1枚の紙に書いていく。30分ほどで書き上げるのだけれど、とんでもなく集中できる。

集中するといえば数独もある。実は私、数字が好きなんですよ。数独を解いていると、普段使っている脳の部分とは少し違う部分を動かしている感じがする。

そんなふうに、モヤモヤをリセットできる自分なりの方法をいくつかストックしておくと、生きるのが少しラクになるように思う。

自己肯定感の低い
日本の子どもたち。
いつか自分を
好きになれるはず

わが子の思春期でイラっときても同じ土俵で戦わない

大人になるほどコンプレックスは気にならなくなると前述したけれど、「だから子どものうちはガマンして耐えるしかない」というのも、理不尽ではある。難しい問題だな、と思う。私と同世代の読者には、思春期の子どもがいて、彼らの自己肯定感をなんとか上げたいと思っている人もいるだろう。

日本の子どもたちは、諸外国に比べて総じて自己肯定感が低いと言われる。内閣府の調査によると(※)、『私は、自分自身に満足している』という問いに対して「そう思う」と答えた子どもや若者の割合は、「アメリカ　57・9%」「イギリス　42・0%」「韓国　36・3%」、そしてなんと「日本　10・4%」！　段違いの低さだ。「どちらかといえばそう思う」を合わせても45・1%で、アメリカの「そう思う」にかなわない。ちなみに、「どちらかといえば〜」を合わせると、アメリカ、イギリスは8割を超え、韓国だって7割を超えているのに。

なんでこんなに自己肯定感が低いんだ？　原因のひとつは「みんなと同じ」「人と合わせて生きる」ことがよしとされているせいではないかと思う。それは容姿にも言えることで、平均的な身長で、そこそこかわいくて、そこそこやせていることが理想になっている。その理想の基準とズレてしまうと、自分はダメなんだと落ち込む。そこは今も昔も何も変わらないと思う。

せめて私たち大人は、子どもの容姿を揶揄《やゆ》したり、誰かと比較したりすることがないようにしたい。誰にでもチャームポイントは必ずあるし、そのいいところを伝えてあげられる人でありたいと思っている。

一方で、「子どもの自己肯定感が低いのは親のせい」みたいに考えるのも、なんか違うんじゃないかなと思う私もいる。

みなさん、レモンさんって知ってる？「全国こどもＹｏｕＴｕｂｅ相談チャンネル」を運営されていて、著書もある方。その名の通り、レモンの被り物をして子どもたちの悩みに答えている。レモンさんはいろいろな学校で講演会をしているのだけれど、息子の学校でもＰＴＡ向けの講演会をしてくださったことがある。レモンの被り物をした一見アヤシイ(笑)見た目とは裏腹に、お話はすごくおもしろくて、深くて、聞き終わってなんだか気持ちがスッキリした。

簡単に言えば、思春期の子どもが「何を考えているのかわからない」のは、ホルモンのせいだというのだ。性ホルモンの分泌が急に増えて、心も体も不安定になっている。それを親がゆったり見守れないのも、ホルモンのせい。更年期が近くなって、親のほうは性ホルモンの分泌が減り始めている。双方ともに心と体が不安定なのだからしかたがない。思春期vs更年期は、ホルモンの闘いなのだ、ですって。

私の言葉ではうまく伝えられないので、レモンさんのYouTubeなどを見てほしいのだけれど、私はその講演を聞いてなんだかふっきれた気がした。息子がいまいろいろ悩んでいたり、困ったことを言ったりするのは、ホルモンのせいってことでいいや、と。ホルモンが落ち着いたら、きっと自分のことが好きになる。そのときまで、私はちょっと離れて見ていよう。そして「あなたが自分を嫌いでも、私はあなたのことが大好きだよ」って伝えられたら十分なんだと、思えるようになった。

※参考　内閣府「我が国と諸外国の若者の意識に関する調査」(平成30年版)

Q&A

COLUMN

②

自己肯定感が低いのが悩みです。
幼い頃から自分に100点を出してあげられない性格。
あまり現状に満足しないタイプだからかもしれません。
どうしたら自分を認めてあげられますか？
（34歳女性）

現状に満足しないタイプ、
向上心があってけっこうではないですか！
私も自分に100点はつけられません。
現状に満足もしていません。
これから先、
さらにいい未来が待っているのではないか、
そう思いながら前進することが
人生を豊かにしていくのではないでしょうか。

CHAPTER

03

Ai Tominaga / Shin Kofukuron

「こうあるべき」から抜け出す

ひとり親だからこそ
伝えたい。
「あなたは愛されて
生まれてきた」と

22歳の孤独を満たしてくれたのは小さな息子

息子がおなかに宿ったとき、私は素直にうれしかった。モデルとして上り坂の22歳だったけれど、産まないという選択肢は私の中になかった。

20代の初め、私は世界のファッション・ウィークにコンスタントに出演させてもらい、さまざまなブランドのショーに出演した。いくつもの賞をもらい、世界的なファッション誌のカバーも飾れるようになった。いまではアジア人のモデルも増えてきたけれど、当時はほとんどいなかった。「アジアトップのモデル」と呼ばれた。誇らしかった。でも同じくらい、不安も大きくなった。

年齢の問題だ。前述したように、モデルの旬は20代前半までと言われている。それは当時もいまも変わらない。どんなにもてはやされていても、突然声がかからなくなる世界だ。同世代のモデルたちも、みんな怯えていた。遠くない将来、私たちはモデルというポジションを失ってしまう、と。

さまざまな努力を積み重ねてここまできたのに、この先はもう道がなくなるなんてあまりに理不尽で不安定だ。きらめくランウェイを歩いていても、浴びるほどのフラッシュの中にいても、私は孤独だった。


そんなとき妊娠がわかった。もともと子どもが好きで、将来3人は欲しいなぁなどと漠然と考えていた。でもおなかに赤ちゃんがいることを知ったとき、「ああ、私はひとりじゃない」と不思議な安堵感に包まれたことは驚きだった。ものすごい宝物を得たのだと感じた。

もちろん仕事は休まざるを得ないけれど、絶対に戻ってくると誓った。そう思ったとき、不思議と力が湧いてくるのを感じた。

事実、出産後半年で私はランウェイに戻った。赤ちゃんの息子を抱えながら、私はコレクション・サーキットをまわり始めた。幸いなことに、海外は日本よりは仕事場に子連れで来ることに対して理解がある。夫は付き添って支えてくれていたが、やはり続かなかった。4年後に離婚し、息子はそれ以来、父親には会っていない。

「パパとママはなんで別れてしまったの?」と聞かれて

離婚してからは日本に戻り、母と同居して子育てをサポートしてもらった。私は相変わらずファッション・ウィークで世界をまわり、長期間家を空けることも少なくなかった。息子の面倒は母がみてくれていたから不安はなかったけれど、幼い息子を置いて家を出るときの苦しさは、筆舌に尽くしがたいものだった。

「また行っちゃうの?」と震える声で泣かれると、胸がかきむしられるように苦しい。泣かれるのもつらいけれど、泣かない息子を見るのもつらい。だって全部顔に書いてあるんだもん。「行かないで」「さびしいよ」って。精一杯のがんばりで私を見送る息子の、うるんだ目、震える唇。その愛しさを断ち切って家を出る。

夫がいれば「パパがいるから平気だよ」と息子は笑顔で送り出してくれたのだろうか。なんで離婚なんてしたんだろう。そのときばかりは都合よく後悔してしまう、そんな自分も情けなかった。

自分のコンプレックスのひとつは、父親がいないことだった。なのに息子にも同じつらさを与えてしまった……と、当時はかなり悩んだ。自分がつらい思いをした「父の日」のイベントで、息子も苦しんでいないかと不安になった。

息子が小学生のときだったと思う。父の日が過ぎたあるとき「父の日のとき、学校で何かやった？」と息子に聞いてみた。そしたら息子はぽかんとした顔で「え、なんで？」と答えた。それを聞いて、自分勝手だけれど私は少し安心した。

子どもは子どもなりに、違う境遇の子どもたちの中でうまく身を処してやっていく。それは私自身もやってきたことだったし、この子もそうやって生きていけたらいいなと願った。

小3の頃だっただろうか、息子に「なんで別れちゃったの？」と聞かれたことがあった。ついにきたか……と思った。一応、心の準備はしていて、いろいろ考えて答えも用意していたから、息子にはこう告げた。

「お父さんとお母さんは愛し合って結婚してあなたが生まれた。でも、いっしょには暮らせなくなっちゃって、それで別れたんだよ」

準備していた割にはかなり短い言葉になった。でもこれがすべてで、これ以上でもこれ以下でもない気がした。息子は「ふーん」みたいなリアクションだったと思う。

その後も何回か、別れた理由を聞かれたことがある。年齢に合わせて多少詳しくは説明したけれど、「あなたは愛されて生まれてきた」という部分だけは毎回きちんと伝えた。それは事実だったし、何より大切なことだと思っていたから。

少し大きくなってからは、「会いたいと思ったら会えるから、言ってね」とも伝えている。「離婚したのはお父さんが悪いわけじゃないから」と。ついでに「お母さんだって、別に悪くないんだけどね」なんて余計な追加もしたりする。

息子はいまのところ「会いたい」とは言わない。それは本人が決めることだ。

「息子の欠点は全部私のせい」と落ち込んだ子育ての日々

子どもの成長過程で、親なら何度も「この子はこんなことで将来大丈夫なんだろうか」と不安になることがあると思う。私の場合、不安になると自分を責めてしまう。

「私のせいで、息子はこうなったんだ」と。父親と母親が両方そろっていれば責任はシェアできるかもしれないけれど、シングルだと責任転嫁できる相手がいないので、すべてが自分の責任と考えざるを得ない。

そのせいで、気づけばやたら口うるさい親になっていた。「約束の時間に遅れるな」と言いたかっただけなのに、どんどん話が広がっていく。「このままもそうだった」「試験勉強もこうだった」「だいたい考えが甘い」などなど、ひとつの問題が10にも20にも枝分かれしていって、結局何が言いたかったのか自分でもわからなくなる。なのに口が止まらない。

しかもだ。言えば言うほど、言葉は息子の右の耳から入って、そのまま左に抜けていく。それを何度リアルに感じたことか……。私は息子の「聞き流す能力」だけを育ててしまったかもしれない。ああ、もう全然ダメじゃん。

こうやって書きながら、よーくわかった。言いすぎてはいけなかったのだ。ポイントを絞らなくちゃダメだ。言いたいことをひとつに絞って、ちゃんと伝える。言いすぎたら最後に整理する。「いろいろ言ったけど、本当に言いたいのは『時間に遅れるな！』これだけ覚えておいて」とね。でもね、どうしてもたくさん言いたくなっちゃうのよ。まぁそれが母親と息子なのだろう。

息子にはもうひとつ、負担をかけたことがある。それは「冨永愛の息子」という立場だ。シングルマザーの子どもという条件では息子と私は共通だけれど、私の母は無名の一般人。遊園地で見知らぬ人に声をかけられたり、人がワサワサ集まってきたりした経験など一度もない。しかも私はこの身長なので目立ってしまう。そのことを察して、小学生の息子が「もういいよ、今日は帰ろう」と、ほとんど遊んでいない遊園地からさっさと帰ろうとしたときには、申し訳ないと心から思った。

昨年、息子はモデルとしてデビューした。いろんな現場で「お母さんと以前仕事しました」と声をかけてもらえるようだ。ありがたいことだと思う。でもそれは、彼が常に「冨永愛の息子」として見られているということでもある。冨永章胤《あきつぐ》として生きていくうえでは、親の名前が負担になることもきっとあるだろう。

それでもある記者会見で息子は、「母を尊敬している」と言ってくれた。驚いた。そんな言葉を聞いたのは初めてだった。ちょっぴり泣けてしまったことは、息子には内緒だ。

「大嫌いな人の幸せを願いなさい」それが母の教え

初めて会った実の父は、背が高い人だった

私は息子に対して口うるさい母だったけれど、私自身は母に怒られたり、口うるさく何か言われたりした記憶はない。母は常に忙しかったし、私は3人姉妹の真ん中で要領のいい子だった。でも、忘れられない母の言葉が2つある。

ひとつは18歳のときだったと思う。パリコレでパリに滞在していたとき、すさまじいホームシックになってしまったのだ。さびしすぎて母に電話して「帰りたい、もうやめたい」と泣きついた。そしたら母は「あなたが好きで始めたことでしょ？やめたいならやめてもいいと思うけど、もうちょっとがんばってみたら？」と言ってくれた。私がモデルになることにあまり賛成していなかった母からの言葉が意外だったけれど、このときの母の言葉があったからいまでもモデルを続けていられるのだと思う。

もうひとつは、いつのことだったか忘れてしまったけれど、ある人のことが許せなくて、母の前でひどい悪口を言ってしまったことがある。それを聞いて母はこう言った。「大っ嫌いな人でも、その人の幸せを願いなさい。人の不幸を願ったら、きっとあなたに返ってくる。幸せを願ったら、それも返ってくるから」

確かに……と思った。天に吐きかけた唾が自分の顔に落ちてくるように、人の不幸を望んだら自分にも返ってくるものね、と。

でも私は人間ができていないので、大嫌いな人の幸せを望むところまではまだたどりつけていない。それでもグチるところでとどめておいて、不幸を願うことはしないでおこうと思っている。そして、最後にはおまじないのように「幸せでありますように」と、思えていなくても唱えることにしている。

そういえば、私はよく「運や恩を送る」と口にしている。いいことも悪いこともまわっていくものだと思っている。その原点は母の言葉だったのかもしれない。

母は私をある程度自由にさせてくれる人だったけれど、娘たちを実の父親に会わせようとはしなかった。気持ちはわかる。離婚にはいろんな事情があっただろうし、私たち姉妹の父たちはみな、養育費を払ってくれていなかったらしい。母は本当に苦労していたから、私は母が望まないことをあえてしたいとは思わなかった。

それなのに息子を産んだあとで、唐突に「お父さんに会っておきたい」と思ったのだ。自分でも不思議なのだけれど、生まれたてでほわほわの息子を見ていたら「お父さんに一度は会わなくちゃ」という気持ちに自然となった。

父に会えたのは29歳のときだった。母には言えなかったのだけれど、祖母が連絡先を知っていたので父と連絡をとることができた。

初めて自分の父親と対面したとき、気持ちは割とフラットに保てた。父を見た瞬間「あ、この人がお父さんだ」とすぐにわかった。

やはり、とても背の高い人だった。

たぶん私は、自分の遺伝子を確認したかったんだと思う。父から私、私から息子。続いていくその遺伝子のルーツを、実際に確かめてみたかったのだ。これって人間の本能みたいなものなのかもしれないな、と思った。

息子もいつかそれを求める日がくるかもしれない。そのときは笑って背中を押せる母でありたいと思っている。

何かを得るには
何かを失う
覚悟が必要だ

モデルとしての絶頂期、仕事を休んで「主婦」になる

28歳のとき、私は思い立って長い黒髪をバッサリと切り、金髪に染め上げた。もはやどこの国の人かわからない。エージェントのスタッフは真っ青になった。

「愛、あなたはいったい何を考えているの？　アジアを代表するトップモデルが、黒髪を失う意味がわかっているの？」

もちろん、わかっていた。アジア人の美しさとは、まっすぐで長い黒髪に象徴される。この黒髪を求めて、アジア人を採用するデザイナーも多い。まさに「何を考えているんだ状態」である。私が考えていたことは、ひとつ。アジアンビューティーを手放した先に何があるのかを見たくなったのだ。

正直なところ、私は「アジア人らしさ」を求められることにもう飽き飽きしていた。何かを得るには、何かを失う、それは覚悟のうえだ。

予想に反して、金髪のアイ・トミナガは、ファッション界で「クールだ!」と受け入れられた。しかもジバンシィのデザイナーが特に気に入ってくれて、エクスクルーシブ(専属契約)を結んでくれたのだ。これは「ジバンシィ以外のショーには出演しない」という契約で、モデルにとっては最高の栄誉だ。特に有名ブランドからのエクスクルーシブのオファーは、スーパーモデルの証しとも言われている。

いまが私のモデル人生の頂点だと実感した。震えるほどの満足感の中で思った。ああ、これでやっと私は、コレクションモデルを引退できる。

コレクション・サーキットを降りた私は、活動の拠点を日本に移した。すると今度はテレビ出演などのオファーが急増した。忙しさは変わらない。小学生になった息子の保護者会や行事に行けないことがあった。それでも休日には全力で遊んだ。虫取りも、木登りも、キャッチボールも、自転車の練習もした。山登りにも行った。父親の代わりにできることは、なんでもしようと思っていた。

仕事と子育てで、私の24時間はいっぱいいっぱいになってしまい、あるとき過労で倒れ、入院した。このままだとダメになってしまう、そう実感していた。

迷いに迷ったけれど、仕事をすべて無期限で休む決意をした。息子は小学校高学年。これから息子は思春期になり、徐々に親から離れていく。この時期を息子とともに過ごすこと以上に大切なことなどないと思い、私は専業主婦になった。

学校から帰ってきた息子と、おやつを食べながらおしゃべりをし、いっしょに運動や遊びをした。ＰＴＡの役員を引き受け、卒業式の謝恩会では司会を担当した。学校に頻繁に顔を出したから、家で見たことのない息子の姿を見ることができた。

何度も「世の中に名前が売れてきたときになぜ？」と言われたけれど、この選択を後悔したことはない。私の中で不足していた親子の時間がゆっくりと満たされていくことに満足していた。そう、何かを手に入れようと思ったら、何かをあきらめるしかない。そして、得るものが大きければ大きいほど失うものも大きくなるのだ。

中学生になった頃、「ねえ、そろそろ仕事すれば？」と息子から言われた。ちょっとびっくりしたけれど、「うん、じゃあそうしようかな」と答えた。

２０１９年、３年ぶりに私はこの世界に戻ってきた。正直、不安だらけだったけれど、ダメでもいいと思った。挑戦することが、私の人生だから。

決断の瞬間は
自分の直感を
とことん信じる。
7割の「行ける」に
乗っかる

「行けそう」が7割だったら、見切り発車でも突っ走る

オフの日は、できるだけ自然の中に行くようにしている。海も好きだし山も好き。自然の中に行くと、五感がリセットされる気がするから。都会の生活で張りつめていた視覚、聴覚、触覚、味覚、嗅覚をゆるめて、本来の感覚に戻していくのだ。

空や海の青、木々の緑、炎の赤を目でとらえる。風の音や波の音、鳥のさえずりを聞くともなく聞く。木々のゴツゴツした肌触りや土のふんわりした手触り、とれたての野菜の旨味や甘味、花の甘い香りや青臭い草のにおい、潮の香り。

そういうものを五感すべてで受け止めていると、私の体はいつしかニュートラルモードになる。感度がよくなるというか、戻ってくるというか、そんな感じ。

五感が正常に機能していると、第六感がはたらく。

私にとっての第六感とは、直感のことだ。

私はいままで、大きな決断をいくつもしてきた。モデルになること、世界に飛び出すこと、子どもを産むこと、離婚すること、仕事を一時休養して子どものそばにいること、そしてパリコレをはじめとするコレクションモデルとして復帰すること、事務所を立ち上げること……。

「よくスッパリ決断できましたね」「潔いですね」などと言われるのだけれど、結果だけ見るとそう感じるだけで、そこに至るまでの私はかなり迷い続けている。

そりゃ迷うよ。人生の大きな決断だもの。

何かを選べば、必ず何かを捨てることになるのだ。きれいごとではすまない。子どもを産むことにすれば、私はいったんキャリアをストップすることになる。キャリアアップを目指せば、家族といる時間は確実に減る。だからといって休めば収入だって激減する。人生を総取りできるなんてことはありえないし、おいしいところだけいただくこともできない。悩むし、迷うし、ジタバタする。

でも不思議なことに、とことん悩んだあとには必ず第六感がはたらく。そう、直感だ。何かがパッとひらめいて「その道で行けるんじゃない?」と肩をポンとたたいてくれる。「行けるかな?」「行けるんじゃない?」「うん、7割は行ける」そう思えたら、私はその道を走り始める。3割の不安に固執するよりも、7割の「行ける」に乗っかる。見切り発車かもしれないけれど、とことん悩んだあとの直感は、ほぼ確実に正しい。少なくとも、私にとっては。

その決断を後悔したことはない。いや、正直に言えば1、2回はあるけれど、そんなことはどうでもよくて、それより悩み抜いた後の行動で後悔するより、やらなかったことで後悔するほうが後々重くのしかかってくるものだと思っているから。

誰にでも「ここで人生が変わるかもしれない」という重要な場面があると思う。このまま行くか、右に折れるか、来た道を戻るか、なりゆきに任せるか。そんなときには「7割OKなら走り出してみる」ことをおすすめする。もし「選択を誤った」と思っても、ある程度の修正はできるし、そこから別の扉が開くこともある。

大事なことは自分の直感に素直になること。そしてもうひとつ、簡単に後悔しないことだ。「これでよかった」と自己満足することも、やっぱり大事なのだ。

もう一度
子どもを産む夢もある

『サザエさん』ファミリーにあこがれてしまった、その理由

私はずっと、『サザエさん』のカツオくんとワカメちゃんとタラちゃんはきょうだいだと思っていた。最近になって、サザエさんとカツオくんとワカメちゃんがきょうだいで、タラちゃんはサザエさんの息子だと知った。びっくりした。

そのとき感じたのは、「うらやましい」という思いだった。この関係、いいなぁ、理想的だなぁと思った。もし息子が将来結婚して子どもをもったとき、私にも幼い子どもがいて、きょうだいみたいに過ごすことができたら……そんな妄想をしてしまった。

実を言えば、私はもうひとり、子どもをもつことができたらいいなと考えることがある。息子は19歳になり、モデルデビューも果たした。もう少ししたらひとり暮らしを始めるような年頃だ。息子に関しては、子育てはほとんど卒業したと言って

も過言ではない。

子育てを終え、人生の半分近くにまでたどりついた。それでも、まだあと半分以上ある。いま来た道を戻るように生きるのは嫌だな、と思った。息子の成長や、生まれるかもしれない孫を楽しみに生きるのもいいけれど、新しい挑戦もしてみたかった。そして、その挑戦のひとつとして浮かんだのは、子どもをもう一度育ててみたいという思いだった。

最初の出産は22歳と若く、モデルとしての仕事も全盛期で無我夢中。正直、私の母に頼りきりだった時期もあり、子育てを楽しむ余裕がなかった。息子が成人を迎えたいまだからこそわかることも多く、また子育てをしたらどうなるだろう、と考える機会が年齢を重ねるごとに増えてきた。

私はいま41歳で、これからの年齢での出産に際してはさまざまな問題があるのは知っているし、そんなに簡単ではないことだって十分わかっている。子育ても、ここまでの大変さは記憶に生々しくて、相当な覚悟がいることだって十分承知している。「私、本気でこれをもう一回やろうと思ってる?」と自分に問うこともある。

でも同じくらい、わくわくもする。ひとりの人間を育てるおもしろさを知ってしまったいまとなっては、もう一度子どもを育ててみたいという思いをあきらめることができないのだ。

キャリアを積み上げていた若い時期には、2人目や3人目を産むことはかなわなかった。息子がひとりいてくれるだけでも最高じゃないかと自分に言い聞かせもした。でも、やっぱりどこかに「もうひとり」という気持ちは残っているのだ。これはなんだろう。本能なのだろうか。

「あのとき○○していれば」という永遠の「if」

実は、いまから6年ほど前に、卵子を凍結保存しておくべきなのかを真剣に考えたことがあった。当時の私はモデルに復帰したばかりで、いまよりもキャリアに対する自信がなかった。出産など、考えることはできなかった。その一方で、40歳を間近に控えた焦りもあった。

そのとき私がどう悩み、そしてどんな選択をしたのかは、あえてここには書かない。でもいつか、オープンにして話す機会をもてたらと思っている。

ただ確実に言えることは、もやもやしたら徹底的に調べ、行動すべきということだ。調べ尽くし、あらゆる選択肢を机上に並べてみる。そして自分でしっかりと判断し、選択すること。悩んで、向き合って、誰のせいにもしないことだ。


コロナ禍を経て、私の仕事はふたたび多忙になった。新たにいただいたドラマや映画などの仕事の面白さにのめり込み、「いまは出産どころではない」と感じることもあれば、年齢を自覚して焦ることもある。揺れる心は止められない。


同じように悩んでいる女性は多いと思う。出産、育児で少なくとも半年近く休んだら、自分がまた戻れる場所はあるのだろうか、と。

キャリアを積み、子どもをもてる環境が整ってから妊娠・出産するためには、卵子凍結保存はひとつの手段だ。希望の光にもなる。「凍結卵子がある」と思うことで、安心して仕事に励むことができる環境も得られるだろう。

ただし、あくまでこれは可能性の話であり、実際にすべてがうまくいくとは限らない。「あのとき、産んでいれば」「あのとき、仕事をがんばっていれば」は、私たちが逃れられない永遠の「ｉｆ」なのだ。

本当は、若いうちに妊娠・出産してもキャリアをあきらめることのない社会になることが理想なのだ。でも現状では、なかなかそれはかなわない。

タイムリミットが近づくなかで、心は焦る。しかしたとえ「時間切れ」という結果になってしまったとしても、誰のせいにもすることなく「自分が決めたことだ」と納得したい。

自分の人生と選択に責任をもつこと、もってきたこと——それこそが、これからの人生を生きるうえで、何より自分を支えてくれるものになると、私は知っているから。

80歳になったとき「幸せな人生だった」と言えるように

自分の幸福のために必要なエレメントを知っておきたい

先日インタビューのときの雑談で、こんな質問をされた。
「冨永さんは80歳の誕生日のスピーチで、どんなことを語りたいですか？　その場にお祝いに駆けつけてくれる人は、どんな人ですか？」と。その答えに、自分が求めている人生の姿が浮かび上がってくるのだそうだ。一種の心理テストのようなものだ。

なんだろう……。パッとひらめいたのは、家族や親戚に囲まれている自分だった。息子とその奥さんと子どもたち。もしかしたら、私にはひ孫もいるかもしれない。母はもういないかもしれないけれど、姉と妹とその子どもたちと孫。私の子どもが増えている可能性だってある。

みんなが集まったお祝いの席で、私はしゃんと背すじを伸ばし、ほほえみを浮かべて挨拶するのだ。

「こんな素敵な家族と親戚に恵まれて、私は本当に幸せです」って。

インタビュアーは少し意外そうな顔をした。「80歳でもピンヒールを履いて、ランウェイを歩いて登場するとおっしゃるのかと思っていました」「あるいは自然の中で循環型生活を送っているとか」「世界のあちこちで慈善活動をしている冨永さんもイメージしました」などなど。

そうか、確かにそれもありそうだ。それが世間一般の私のイメージかもしれない。でも私の本当の核になるところでは、家庭を大切にしたいと願っている。それを私自身知っているから、22歳で出産したし、30代で3年間仕事を休む決意をしたのだ。

キャリアを重ねることはすばらしいことだと思うけれど、仕事上での成功がすべての人にとっての幸せとは限らない。成功すればするほど周囲に人は増えていって、「もっともっと」と望まれることもある。その結果、その望みが自分の望みなのか、周囲の人の望みなのかがわからなくなる。

そんなときには立ち止まって考えてみてほしい、自分の幸せに必要な要素を。80歳の幸せな自分をイメージしたとき、思い浮かぶ姿を。

でも、人は変わる。私はいまこう言っているけれど、この先はまた違う人生を歩きたくなるかもしれない。そのときは、そのとき。

「冨永愛らしくない」と思われる道でも、気にせず進んでいこうと思っている。どうあっても私は、他人がつくった自分のイメージに縛られて生きていきたくはないから。

Q&A
COLUMN
③

まわりはどんどん結婚していくなか、まだ独身です。
親の圧ときょうだいの心配をひしひし感じます。
出産のことを考えると早く結婚しなくてはと思いますが、
現状は相手がいません。
最近、卵子凍結も気になり始めました。
冨永さんなら、どんなアクションをおこしますか？
（35歳女性）

生涯の伴侶を見つけるのは
そんなに簡単なことではありませんよね。
私は焦って相手を見つけるよりも、
じっくり見つけるほうがいいと思っています。
もし、いま相手がいないのであれば、
私だったらその時間をおおいに楽しみますね！
友だちと遊びに出かけたり、自分磨きをすることに時間をかけます。
充実した雰囲気の人はとても魅力的に見えるものです。
相手がいないから、とけっして悲観しないでください。
顔に出ちゃいますよ。
ただ、妊娠・出産に関しては女性にはリミットがある。
もし子どもをもつことがあなたの人生で
とても大事なことだと思えるのであれば、
卵子凍結はひとつの選択肢としてありだと思います。
ただしリスクや負担があることは十分に理解したうえで
行ったほうがいいと思います。

CHAPTER

04

Ai Tominaga / Shin Kofukuron

これからの時代の女性たちへ

日本の女性は途上国の女性より恵まれているのか

ジョイセフとの出会いがつないだアフリカとのご縁

2010年、私は初めてアフリカの地を踏んだ。公益財団法人ジョイセフとともに、ザンビアという国を訪問したのだ。

ジョイセフは、女性の命や健康を守るための活動をしている日本生まれの国際協力NGOだ。最初の出会いは2010年、ジョイセフ主催の「モード・フォー・チャリティー」というイベントだった。ランウェイを歩いてほしいと招かれたのだ。当時、ファッションをからめたチャリティーイベントは珍しく、国際的な女性支援をしている団体だと聞いて興味をもった。

ちょうど、私は自分が支援できる団体を探しているところだった。モデルとして十分すぎるほどの高い地位を得ることができ、収入も増えた。「この恩を誰か別の人のところに送っていきたい」と考えていた。息子が幼稚園児だったこともあり、ジョイセフの「女性と子どもの支援」という姿勢に共感できた。最初はジョイセフフレンズになり、2011年からはアンバサダーとして活動させてもらっている。

初めてのアフリカは、私にとって衝撃的なことがたくさんあった。土壁の小さな家に家族がひしめき合うように暮らし、家の土間に汚れた薄い布を敷いて出産する。へその緒を切るためのカミソリはさびていたし、お湯を入れるバケツは汚れていた。「ここで産むのか……」と暗い気持ちになってしまった。

当時、世界中で1日1千人の女性が出産や中絶で亡くなっていた。その背景には、劣悪な環境での自宅出産がある。現地の女性たちは、昔からの慣習で自宅出産が当たり前のこととされ、保健施設で出産したくても陣痛がきてからでは遠くて移動できない。そこでジョイセフは保健施設の近くにマタニティハウス(出産待機施設)を建設し、陣痛がくる少し前から滞在できるように計画を進めていた。

ザンビアを訪問して思ったことは、性教育の重要性だった。セックスすれば子どもができるということすら知らないまま妊娠する少女が多かった。古い風習にのっとって夜這いが横行し、レイプも当然だと思われていた。14歳のときに最初の妊娠をし、10人の子どもを産んだ28歳の女性にも会った。若い女の子の妊娠は子宮や骨盤が十分に成長していないので死産も多く、母親の命も危ない。その知識も乏しい。

2023年、私は13年ぶりにザンビアを訪れた。今度は息子といっしょに。

ザンビアのマタニティハウスは7棟に増えていて、その施設を運営しているのは現地のスタッフだった。彼らはボランティアで近くの村々をまわり、生殖の仕組みや避妊の方法、安全な出産などについての知識を広めている。ジョイセフの支援だけに頼ることなく、地元の住人たちが動いているのが印象的だった。

うれしかったのは男性の変化だった。地域のボランティアには男性も多く、「妻や子どもの命を守りたい」と考えている人が増えていると感じられた。

13年前も今回も強く感じるのは、そのような環境で出産・子育てしている現地の女性たちの強さだ。ともすれば「気の毒」「かわいそう」と思いがちなのだけれど、そんな感情をもつことが失礼だとさえ感じる気高さが彼女たちにはある。

たとえば昨年の訪問時に出会った女性は、14歳でレイプされて出産し、現在は5人の子どもを抱えている。貧しくて、貧血ゆえに母乳が出ず、子どもたちの栄養状態もよくなかった。それでもいまは職業トレーニングを受けて、アクセサリーを作って収入を得ている。「子どもを学校に通わせたい」と目を輝かせていた。

日本では男性に「お願い」しないと、避妊はできないの？

ひるがえって日本を見たとき、私は危うさを感じずにはいられない。安全な出産ができ、女性だって学ぶ権利を行使できているのに、性教育は貧困なままだ。

学校で「性に関する指導」はあるものの、学習指導要領では「妊娠についての経過は取り扱わないものとする」とされ、性交や性行為について教えることは避けられてきた。では家庭で性教育ができるかというと、親子で性について語る文化はない。最初に性を学ぶのはポルノだ。エロ動画、エロ漫画。女性を商品化した画像や暴力的な描写が多く、「痴漢」「レイプ」といった明らかに性犯罪であるセックスを、真実だと思い込むのは本当に危うい。

また、女性が自分の性をコントロールしにくいことも大きな問題だ。私は23年にアフリカのウガンダに行って驚いた。病院の受付にある診療メニューの表に、女性が主体的に使用する避妊法がずらりと並んでいた。日本はコンドーム、低用量ピル、子宮内避妊具（IUD・IUS）しかない。主流はコンドームで、20代の女性の避妊方法の73％を占めるが（※）、コンドームをつけるかどうかは、男性に「お願い」する必要が出てくる。女性主導の避妊方法ではないのだ。

女性主導で使える低用量ピルも認められているが、病院の受診が必要で薬価も高い。海外ではピルは薬局で簡単に買えるし、価格も安い。世界では一般的なのに、日本では認められない避妊方法も多い。一度注射すると3カ月間は避妊効果が持続する避妊注射。マッチ棒のようなインプラントを上腕に埋め込むことで、3年間は避妊できる避妊インプラント。腕に貼るだけのパッチタイプもある。

避妊の選択肢ひとつとっても、ウガンダに負けている日本。この点においては「日本の女性は幸せだ」と胸を張って言うことなど、とてもできない。

※出典「ジェクス ジャパン・セックスサーベイ２０２０」

息子が中学生のとき
コンドームを
プレゼントした

「おうち性教育」を始めたのは息子が10歳のとき

前述したように、2023年にアフリカを訪れたときには息子も同行させてもらった。13年前にザンビアを初めて訪れたとき、「息子が成長したら必ず連れてこよう」と思っていたからだ。

初めてザンビアを視察したとき、私は男性の性教育がいかに大切かを実感した。でも日本では学校で詳細な性教育をしてくれない時代が長かった。だったら家でするしかないと、息子が10歳くらいの頃に自己流で性教育を始めた。

フランスでは、男の子が10歳になったらコンドームをプレゼントする習慣がある。息子の父親はフランス育ちなので、「この子が10歳になったらコンドームを贈りたい」と言っていた。離婚してしまって彼の目標はかなわなかったが、私が代わりを務めることにした。

10歳のときにはさすがにコンドームを渡さなかったものの、性交と生殖の仕組みを説明した。紙に書いて「これがおちんちんでね、女性のおまたがここで」など、子どもに伝わりやすい言い方で説明したと思う。でも息子は恥ずかしがってしまって、伝わったかどうかは定かでない。

その後も私は、けっこうしつこく息子に性について話し続けた。自分が生理のときには「今日は生理だから体がだるいんだよね」と話すようにしたし、「生理でおなかが痛いから、今日は自分でごはんよそってね」と伝えた。その流れで、「クラスの女の子でもう生理が始まっている子もいると思うけど、優しくしてあげなさいよ」というようなことも話したと思う。

小5や小6のときには本人も知識をもっていたから、妊娠する仕組みや、出産についても話すようにした。

元夫の念願のコンドームは、息子が中学生になったばかりの頃にプレゼントした。そのときには使い方や、どんなときに使うのかも説明した。単なる使い方だけでなく、女性の立場に立って考えるようにということも話した。

そうやって少しずつ少しずつ性教育を続けてきた息子だから、きっとアフリカの視察旅行にも行く意味があると思った。

最初、彼は、アフリカの生活そのものにショックを受けていた。衛生状態が世界トップレベルの日本で生まれ育っているので、水道から出てくる水の色を見ただけで引いてしまった。「自分は恵まれて育ってきた」と実感したようだ。

ウガンダでは女性へのレイプがいまだに横行していて、私が訪れた地域では多くの女性が13〜15歳で妊娠・出産していた。性行為が原因でＨＩＶやＨＰＶに感染し、エイズや子宮頸がんを発症して亡くなる若い女性が非常に多いという現状もある。息子は女性へのレイプが当たり前に起こる社会がショックだったようで、「人生観が変わった」と言っていた。そして素直に「男性の責任は大きい」と思ってくれたことがうれしかった。

子どもの心は思春期になってもまだまだ柔軟だ。世の中の大人たちは、勇気を出して子どもに正しい性教育をしてほしい。まずはいっしょに話してみることから。その一歩が、男女の関係をよりよいものに変えていくはずだから。

女子トイレに
ナプキンを
無料で置こう

「生理の貧困」が起こるのは、貧しさだけが原因じゃない

突然で申し訳ないが、私は声を大にして言いたい。「学校の女子トイレに、無料でナプキンを置こう！」って。もちろんどのトイレにも置いてほしいけれど、まずは学校のトイレから始めてほしいと願っている。

「生理の貧困」という言葉を初めて知ったとき、「なぜ私はいままでそれに気づかなかったんだろう」と自分を恥じた。生理用品にかけるお金は1カ月500円から千円くらいが普通だろう。経済的に厳しい人にとっては安いお金ではない。ナプキンを買うより別なことにお金を使いたいはずだ。そのため汚れたナプキンを使い続けていたり、トイレットペーパーやティッシュペーパーで代用したりしていると聞く。厚生労働省の調査では、代用品を使ったときに「かぶれ」「かゆみ」を感じると答えた人が7割以上もいた。（※）

私はずっと、ナプキンは必需品というより、必要とする女性が買うものとだけ感じていて、なんとなく、化粧品と同じような認識でいたのかもしれない。

でも考えてみれば、生理用品は10代から50代までの女性が、1カ月のうちの1週間から10日という長い期間使うものだ。トイレットペーパーとほぼ同じ立ち位置にある必需品と言っていいものではないだろうか。ならばトイレットペーパーと同じように、ナプキンだってどのトイレにも常備されていてしかるべきだ。

自治体が生理用品の無償提供をしているケースもあるという。でもね、どれだけの女性が生理用品をもらいにわざわざ区役所や市役所に行くだろうか。

生理用品が買えない人の中には「お店で買うのが恥ずかしい」と思う人もいるそうだ。お金だけの問題ではないのだ。私は全然平気で、息子にも「いま生理だから」と話すけれど、そんな人ばかりではない。生理用品を親に買ってほしいと言えず、ドラッグストアで買うのも恥ずかしく、ナプキン以外のもので代用している女性もいると聞く。特に若く、幼ければなおさらだろう。

だから学校のトイレには、ぜひともナプキンを常備してほしい。生理の貧困だけではない。ポーチを持ってトイレに行くのを恥ずかしいと感じたことのない女の子はいないだろう。生理が始まったばかりの頃はどのくらい出血量があるのかわからずに、ナプキンが足りなくなって漏れることもある。ときにおしりにシミをつけている子はいたし、またそれを陰で笑う子もいた。

そもそも「生理は恥ずかしい」「隠すべきもの」というとらえ方を変えなくてはいけないと思っている。まずはわが子と、生理について話そう。男の子のママも、ぜひともお願いします。

でもそうやって社会の認識が変わるまでにはもう少し時間がかかるだろうから、できるだけ早く、公共のトイレに生理用品を無料で置きましょう。その余裕と思いやりこそが、成熟社会の証しじゃないかと私は思う。

※出典「『生理の貧困』が女性の心身の健康等に及ぼす影響に関する調査」（令和4年）

昭和99年を生きるのはもうやめにしよう

キャリアか子どもか？　令和になっても女性は悩む

以前テレビのトーク番組で、若い女性たちの悩み相談に答えたことがあった。そのときの相談の中に「キャリアを選ぶのか、出産を選ぶのか迷う」という質問がいくつかあった。

女性がキャリアを重ねたいと思うのは当然のことだ。でも、キャリア形成に重要な20代から30代は、女性にとっての出産年齢とも重なる。「どちらかしか選べないのではないか」と思ってしまう気持ちも、わかる。

毎年話題になっているが、日本の「ジェンダーギャップ指数」はとんでもなく低い。ジェンダーギャップとは、性別の違いによって生じる格差のことだ。それを数値化したのが、ジェンダーギャップ指数。

２０２３年の日本の順位は１４６カ国中１２５位だった。前年の１１６位からさらに後退。アフリカやアジアの途上国よりもはるかに低い数字で、アジア圏の韓国や中国にも水をあけられている。

政治・経済・教育・保健の4つの分野での指数があるが、なかでも政治と経済が非常に低い。政治は138位だから、ほぼ最低レベル。経済は123位。上層部にいるのは男性ばかり、という日本の社会の現状を表す数字だ。(※)

世界の動きから見ると、男女差別がここまであからさまに存在することは非常に恥ずかしい。企業は海外の投資家の目もあるので、女性の管理職を増やそうと努力している。しかし、一方で、管理職を希望する女性が少ないとも聞く。事実「私は出世したいと思わない」という女性は私のまわりにもいる。

この言葉を、男性たちは「日本の女性は出世なんて望んでいないんだよ。欧米の女性とは違うんだよ」などと都合よく受け止めているかもしれないけれど、そうではない。出世したっていいことなんて何もないと思えるからだ。

管理職になれば多少給料は上がるかもしれないけれど、プライベートの時間が減るし、子育ては相変わらず女性の負担になりがちだし、職場でも相変わらず男性優位。出世してもメリットは薄い、と考える女性は少なくない。

昭和から平成、そして令和になったのに、昭和のモーレツ社員時代にキャリアを積んだ経営陣が企業の上層部に大量に残っていて、働き方改革やダイバーシティ、女性活躍を当たり前とするミレニアル世代、Z世代の常識に順応しきれずに、企業の中に曖昧な状況を生んでいる。

来年は、昭和改元から100年目を迎えるという。日本を世界第2位の経済大国に成長させた昭和は、確かにいい時代だったと思う。でも、99年目となる今、その価値観は必ずしも時代に合うとはいえなくなってきているのは確かだ。日本をその時代の価値観から解き放って、前進させることが私たちの役目なのだと思う。

キャリアか子どもか、両方100%は手に入らないけれど

冒頭の「キャリアか子どもか」の質問だけれど、いろんな考えがあるし、体験は人それぞれだから、ここからは私の感想だと思って読んでほしい。

正直に言えば、キャリアと子ども、両方を100％手に入れることはむずかしい。私は常に「何かを得るには、何かを失う」と自分に言い聞かせてここまで歩いてきた。だってそれが揺るぎない事実だったから。

キャリアの頂点にいたとしても、「富永さんが妊娠したので、ドラマの撮影を1年先に延ばしましょう」なんて、超大女優にならないかぎりありえない。

仕事の現実は、きれいごとや、理想論ではすまされないのだ。

それでも私は、キャリアを一度ストップして出産を選んだことを後悔したことはない。微塵《みじん》もない。私の幸せを考えたとき、息子の存在は不可欠だったから。

あくまで私の場合だけれど、子どもを産み、育てなければここまで成長できなかったし、考えも浅いままだったと思う。私は子どもに育ててもらったのだ。

そしてもうひとつ言わせてもらうと、妊娠と出産は本当に不思議な体験だった。言葉が見つからなくてもどかしいのだけれど、自分の体の中に宇宙を感じたのだ。

いままでこの世界にまったく存在しなかった命が生まれるという不思議。自分の中の卵子と、何億という精子の中のたったひとつが結合して、細胞分裂を繰り返し、人類の進化をたどるように成長して、オギャーと生まれる。

なに？　私の体ってこんなことできるの？　すごくない？　本当に驚いた。生まれて数年もすれば一人前みたいな口をきいて、自分はこの世界にずっといたかのような顔をする。すごいなぁ、生命ってすごいって何度思ったかわからない。

もしキャリアと子どもとで迷っているなら、子どもを産むことを簡単にはあきらめないでほしい。キャリアを重ねること、仕事で成功することはすばらしいことだけれど、子どもを産むことも同じくらいすばらしいことだと私は感じてしまったから。そして１００％ではないにしても、仕事で失ったものはきっと別の形で取り戻せると思う。

そして女性の場合、迷っていられる時間はさほど長くはない。少なくとも、悩んだあげく出産して「後悔した」という人は私のまわりにはいない。そういうパワーが、出産という体験にはきっとあると思うから。

とはいえ、みながみな、子どもについて私のように考えるわけではなく、そもそも子どもを産むことに興味のない人もいるだろうし、望んでも出産がかなわない人もいる。産む自由があるように、産まない自由だってあっていい。子どもから幸せをもらう人生もあれば、産むことがかなわなくても十分に幸せに生きている人も、私のまわりにはたくさんいる。どの人生も、自分で納得して選んだり受け入れたりしたのなら、きっと後悔なく、幸せに過ごせるんじゃないかなと思う。

※2024年に発表された調査では、日本の順位は146カ国中118位。政治は113位、経済は120位となった。順位は上げたものの、依然極めて低い順位であることは変わらない。

「男女平等」は
むなしい。
せめて「公正」に

平等にはなりえない、その前提から社会を見直そう

前ページの原稿を書いてから、またいろいろと考えてしまった。日本がこれから大きく変わって、ジェンダーギャップ指数がアイスランド（14年連続で1位）みたいになる日がきたら男女平等になると言えるのだろうか、と。

賛否両論あると思うのだけれど、男女は絶対に平等にはならないだろうと私は思っている。その理由はもって生まれた体の役割にある。子どもを産めるのは女性だけ。パートナーに「家事は平等に」とは言えるけれど、「平等に子どもを産んで」は成立しない。男女は生まれながらにして身体的に不平等にできている。

だから男性は、キャリアを維持したままで親になることができるけれど、女性はどうしたって一定期間休まざるを得ず、その間に失うものは多い。

「冨永愛はキャリアも子どもも手にした」と思われるかもしれないけれど、そんな

ことはない。身を切る思いで捨てた大切なものが、私にだっていくつもある。

女性に生まれたというだけで、子どもを産むことのない男性が得られる自由を、自動的に一部あきらめなくてはいけない運命を背負うことになる。とはいえ、子どもを産む幸せを体験できるのは女性だけの特権だし、また産まないと決めて男性と同等の自由を謳歌する人生だって女性には選べる。

だからやみくもに、一律に、男女平等を！　と謳《うた》うのは、なんだか矛盾とむなしさを感じるのだ。


そもそもこの世に「平等」をもたらすなんて幻想だと、アフリカで思った。どこの国で生まれたかで、運命はあまりに違う。余るほど食べ物があって、ダイエットばかりを気にする国もあれば、生後まもない子どもが餓死する国もある。理不尽な戦争の中で命を落とす子もいるのに、それをテレビでボンヤリ見ている人もいる。平等な社会なんてありえないんだと、痛いほどに突きつけられる。

人はみんな違う。平等にはなりえない。その前提に立って、せめて「公正」を目指したい。その人が必要とするものが、ちゃんと受け取れるように。

子どもを産むことでキャリアがストップしてしまうとしても、戻ってきたときのポストを確実に保障する。できるだけ休まず働きたいのであれば、働いている間に子どもを見てくれる人や場所を保障する。休んでいる間の収入も保障する。そして何より、子どもがいることで引け目を感じるような職場の雰囲気をなくす。

人によって必要とするものはきっと違うから、その人に合わせて「公正」な支援や保障がされていく、そんな国になってほしい。

妊娠・出産の話って本来は明るい話題なのに、現代の日本ではなぜか暗い話になってしまう。それってておかしい。おかしいと感じたら、おかしいって言おう。組織の中で声をあげよう。そしてみんな、ちゃんと選挙に行こうよ。私たちが望むことを実践してくれる政治家を選ぼう。そうじゃないと、もはや社会は何も変わりはしない。公正な世の中を目指して、がんばろうよ、私たち！

Q&A
COLUMN
④

成人した子どもとの距離感に悩んでいます。
なんでも話せる関係なので、
ついついアドバイスをしすぎてしまいます。
自分で判断したり、
失敗したりする機会を奪っていないか心配になります。
冨永さんは息子さんとの距離感をどうとっていますか？
（48歳女性）

同じく息子も成人しました。
言いたいことも手を添えたいことも山ほどありますが、
ある程度は見て見ぬふりをしています。
彼にとって失敗は大きな糧となるはずです。
思い切って放っておきましょう！　←自分にも言っています（笑）。

手と目と心の法則

小さい頃は、手と目と心を離さず
自分のことができるようになったら、
手を離し、目と心は離さず
さらに成長したら、目を離し、心だけは離さないでおく

知り合いから教わった、有名な子育ての法則です。

CHAPTER

05

Ai Tominaga / Shin Kofukuron

有限の美しさを重ねる

「私はオバサンだから」
なんて
絶対に言わない

年齢を重ねることで、美しさも重ねていきたい

美しいものには、限りがあると思っている。春の桜も、夏の空も、秋の紅葉も、冬の新雪も。時とともに失われ、また別の何かが生まれてくる。この循環があるからこそ、自然は永遠に美しくいられるのだと思う。

女性の美しさも同じようなものではないかと、私は思っている。若い頃の美しさは、必ずなくなる。年齢とともにシワも増えるし、シミも目立つし、体つきだって変わってしまう。その代わり、人間としての本来の美しさが内面から湧き出てくるのではないかと感じるのだ。

ここ数年、１９９０年代にスーパーモデルとして活躍した女性たちのランウェイ復帰が目立つ。近年重視されている「多様性」が背景にあるのだとは思うけれど、その魅力や美しさを見ると「若さ」なんて美しさのごく一部でしかないと思い知らされる。

ランウェイを歩く彼女たちは本当にかっこいい。人生のストーリーを丸ごと見ているような、そんな気持ちになる。積み重ねた時間があるからこその、自信あふれるウォーキング、ポージング。同じ女性として彼女たちの活躍は誇らしいし、同世代の人ならなおさらそう感じるだろう。

そして若い人はそこに希望を見ると思う。自分の未来も輝いているように思えるはずだ。

でも日本にはまだまだ「若さが一番」という風潮があると感じる。男性だけではなく、女性もそうだ。みんな若い子が好きで、かわいいものを慈しむ空気があるのだ。これは日本と、あとは韓国や台湾にもある特有の空気だと思う。

日本の場合、漫画の影響も大きいかもしれないと思う。人気漫画の主人公はたいてい10代で、あたかもそこが人生で一番光り輝いている時期のように感じる。10代、せいぜい20代が人生の華みたいに思わせてしまうのって、あまりにも残念だ。

だからね、私たち世代が美しくあることってすごく大事だと思っている。

表面の若さが失われるのはしかたがないのだけれど、年齢を経てにじみ出る内面からの美しさをその上に積み重ねていきたい。過去の自分に固執せず、年齢に合わせて着るものやメイクを変え、変化を受け入れられる人は、とにかく魅力的だから。

そうそう、私は絶対に自分のことを「オバサンだから」とは言わないことにしている。言葉にすると、暗示になる。自分で自分を「オバサン」の枠に閉じ込めてしまいそうになる。あ、でも他人に言われるぶんにはかまわないけどね。自分は違うと思っているので、聞き流すことくらいは可能です。大人ですから(笑)。

ただ、41歳になって実感しているのは「うわぁ、体力落ちたなぁ〜」ということ。飛行機の長距離移動なんて、以前は平気だったのに、いまは飛行機から降りるともうグッタリ。これが40代か、と実感する。

だからといって、年はとりたくないなどとは思わない。若い頃よりいまのほうがずっと生きやすいし、幸せだし、比べたらいいことのほうが多い。だから堂々と、年齢を重ねた美しさを誇示していこう。

自分の魅力に
自分が気づいてあげよう

誰にとっても骨格はチャームポイントになるはずだ

あなたのチャームポイントはどこですか？　「え〜！　チャームポイントなんてありません」じゃないですよ。真剣に考えてくださいね。

チャームポイントを「誰が見てもかわいいと感じる部分」とか「私の魅力をアップさせるポイント」みたいに考えている人が多いと思うけれど、そうだろうか。チャームポイントって、「私の中のもっとも私らしい部分」のことだと私は思う。

ファッションの世界は、多種多様な美しさが存在する世界だ。モデルたちはみな、誰が見てもスタイル抜群で美しく、魅力的だ。一番なんて選ぶことはできない。ではブランドは何を見てモデルを選ぶのか。それは個性。その人だけが放つ輝きを見て「このモデルを使おう」と決めるのだと思う。

それはきっと、モデルだけではない。誰にだってその人にしかない魅力がある。

インタビューで「あこがれの人は？」と聞かれることがよくあるが、「いません」と答えている。尊敬する人はいるけれど、あこがれの人はいなくていいと思っている。私はどうあってもあなたにはなれないし、あなたも私にはなれない。自分以外の人を目指してしまうと、絶対にたどりつけないから苦しくなってしまうのだ。

「この人みたいになりたい」と思うよりも、もっともっと「自分自身」になりたい。いまの自分にしかない魅力を磨きたい。

ちなみに私のチャームポイントは「鎖骨」らしい。マネージャーは「愛さんの鎖骨、サイコー」と言ってくれる(笑)。

個人的には、鎖骨も含めて「骨格」がチャームポイントだと思っている。手足の長さ、顔の形、そういうものがものすごく私らしい。

骨格は、誰にとってもチャームポイントになりうるのではないかと私は思う。チャームポイントを顔の一部に求めてしまう傾向があるのだけれど、それは自分の顔を鏡で見ることが多いから。私たちは残念ながら自分の姿を肉眼でちゃんと見ることができないから、鏡や写真で確認する。そうなるとどうしても顔ばかりを見てしまう。でも他人は、あなたを全体としてとらえる。そうすると、顔はその一部にすぎない。目や鼻や口は小さなパーツだ。人の印象を決めるのは、骨格なんじゃないかなと私は思っている。そういう意味では姿勢や歩き方も印象を決める。それを理解したうえでおしゃれを楽しんでいる人は、やはり素敵だなぁと思う。

「自分の魅力なんて全然わかりません」というなら、勇気を出してまわりの人に聞いてみるといい。家族でも親しい友人でも。他人はあなたを客観的に見ているので、意外な答えが返ってくることもある。

私はモデルという仕事柄、「へえ、私ってこういうふうに見られているんだ」と驚くことが多々ある。カメラマンによって私のとらえ方が違うから新鮮だ。

雑誌の撮影では、写真はそれこそ何百枚も撮る。でも使われるのはたった1枚か2枚。編集者やカメラマンがその1枚を決めるのだけれど、それを見るのがおもしろい。「やっぱり、これだよねぇ!」と誰もが納得する1枚もあるけれど、自分だったら選ばないであろう1枚がセレクトされていることも少なくない。それはとてもうれしい。私が知らない魅力を引き出してもらえたことに、いつも感謝している。

うつむかないで。
目が落ちくぼむし
頬がたれるから

数年前の自分の写真にショックを受けた、その理由

スマホを見ていると、「あなたにおすすめの写真」が出てくることがある。「5年前の今日」とか、「○○な人と」など勝手にテーマをつけておすすめされるのだが、あれ、やめてほしい。勝手に古い写真を出してこないで(笑)。

先日出てきた「おすすめの写真」は、びっくりするほど「おすすめできない写真」だった。数年前の写真だったのだけれど、未来の写真じゃないかと思うくらい、その写真の私は「老け顔」だったのだ。

40代前半はプレ更年期と言われる。心と体にさまざまなトラブルが表れる年齢に、私もさしかかっている。でもその出方には個人差があるらしい。

私の場合、35歳と39歳に二度、大きく変わった。変わったというか、落ちた。気持ちがイライラするし、不安になるし、体の不調も感じた。思春期みたいな不

安定さだった。体調が先なのか、メンタルが先なのかはわからない。
スマホがおすすめしてきた写真は、ちょうどその頃の写真だった。

顔って、本当にマインドで変わる。不調が続くと気持ちが暗くなるから、姿勢が悪くなる。自然と猫背になり、うつむいてしまう。そうなると重力で目は落ちくぼむし、頬はたれる。首にはシワが寄るし、肩もこるし、血行が悪くなるから肌の調子も悪くなる。いいことなんて、ひとつもない。

単に、姿勢が悪いだけで精神的にどんどん暗くなっていくこともある。私はそれを演技レッスンで知った。前述したけれど、悲しい感情をつくりだすためにはまず身体行動から感情を動かすのだ。表情が悲しいと、脳は簡単にだまされて「自分は不幸だ」「嫌なことだらけだ」と思ってしまう。

だから、まずは姿勢を正そう。おなかに力を入れて、背すじを伸ばそう。視線を上げて、口角をキュッともちあげる。そして手持ちの洋服の中で一番明るい色の服に着替えるのだ。それだけでも、きっと気持ちは変わる。

同じように、人の悪口は言わないと決めている。グチを言うことはあっても、悪口は言わない。特に、容姿については絶対に。

悪口は人の容姿まで変えてしまう。ゆがんだ心は人の顔もゆがめる。それに、悪口を言っていると、必ず自分に返ってくると思う。

だから、ふだんから人をほめるようにしている。「そのメイク、すてきだね」「その服、似合っているね(これは嫌味に聞こえないように)」など、すぐにその場で口にするようにしている。

もちろん仕事についても、すてきな仕事をしているなと思ったら、本人にきちんと伝える。

姿勢と同じく、私の心を豊かにしてくれる習慣だと思っている。悪口もほめ言葉も、自分に必ず返ってくると信じているからだ。

きれいに
なりたいなら、
いいセックスをしよう

女性の「性」に眉をひそめる風潮を変えていきたい

どうすれば若さを維持できますか？　年齢を重ねてもきれいでいるにはどうすればいい？　そんな質問を受けるたびに、私は「いいセックスをしましょう」と言っている。雑誌『ａｎ・ａｎ』の特集じゃないけれど、セックスは女性をきれいにする。女性ホルモンが心も体も潤すのだ。これはもう揺るぎない事実。

一番影響があるのは肌だと思う。恋している女性はお肌がきれいだ。内側からピカピカ輝いている気がする。どんな美容液にも負けない何かがある。

私の母は、50代後半に突然きれいになった。急に若返ったように見えて不思議だったのだけれど、あとで知った。そのとき母には恋人がいたのだ。恋の力は女性を美しくするって本当だって思った。

私たち女性を内側から輝かせてくれる女性ホルモンは、更年期に急激に減少する。

45歳から55歳くらいまでの10年間がその時期にあたる。いままで順調に分泌されていた女性ホルモンが、分泌されたりされなかったりと揺らぐことで、脳は混乱して自律神経まで乱れてさまざまな不調が引き起こされる。それが更年期障害。そのうち女性ホルモンが分泌されなくなると、不調も落ち着いてくるようだ。

私はいま「プレ更年期」の世代にあたるので、女性ホルモンは少しずつ減少している。30代に不調を感じ始めたこともあって、頼りにしているクリニックで検査した。女性ホルモンとともに甲状腺ホルモンも低下していると知って、定期的に補充している。ホルモン補充療法は、不調をラクにしてくれるのはもちろん、全身のトラブルを未然に防いでくれているように思う。婦人科系の病院はハードルが高いと感じる人もいると思うけれど、私はおすすめしたい。

ところで、女性が読む本に堂々と「セックス」という言葉が書かれることは、いまだに一般的ではないと思う。女性はあくまで受け身で、セックスに意欲的になるなんて、はしたない……そんな風潮は現代でも十分ある。それどころか、女性たちは生理があることとさえ隠す。十分な性教育がされないことも、セックスについて悩みを話せないことも、全部同じ部分でつながっていると思うから、私はちゃんと言葉にしたい。セックス、しましょうね、と。

ついでに言えば、私は「フェムテック」が広まってきたこともうれしいと思う。これはFemale(女性)とTechnology(技術)をかけ合わせた造語で、女性ならではの課題をテクノロジーで解決していこうという動きだ。たとえば生理周期や排卵日を測定するアプリ、妊産婦のサポートグッズ、骨盤ヘルスケア、新しいタイプの生理用品、女性用の潤滑オイルなど多岐にわたる。

私は膣圧ボールを使ったことがある。これは産後の尿漏れを改善する効果で話題だが、膣内の筋肉を鍛えることで全身もスッキリしてくる。いちいち力を入れて締めなくても、中に入れると自然と「落ちないように」と締まっていくのだ。形はちょっとアヤシイのだけれど(笑)、使い勝手は悪くなかった。

吸水ショーツも便利だった。モデルは基本Tバックのショーツをはくのだけれど、タンポンを替える時間がなくて漏れ出してしまうこともある。Tバック型で吸水帯がついているものもあり、私たちのような仕事にはとても助かっている。

親しい友人の冨田愛(私と一字違い!)が、一般社団法人日本フェムケア協会を立ち上げ、「フェムケア」の第一線で活動をしている。「フェムケア」とはフェミニンとケアをかけ合わせた言葉で、女性のデリケートゾーンをケアする製品やサービスを指す。人にはなかなか言えない体やデリケートゾーンの悩み、産後の尿漏れや膣の萎縮、臓器脱や更年期のゆらぎなどの不調をケアし、女性のウェルビーイングをサポートしてくれる。「フェムケア」を取り入れることは製品やケアを通して自分を大切にすることにもつながると思うから、私たち女性にとって心強い存在だ。

女性を支えるグッズやケアが、もっと広く一般的になるといいと心から願う。

満月は
山で心を満たし、
新月は
海でデトックス

自然の摂理と私たちの体は、無関係ではいられない

10年以上前だろうか。久高島《くだかじま》という小さな島に仕事で行ったことがある。沖縄本島の東南にポツンと浮かぶ周囲約8キロの細長い島で、ここは「神の島」として知られている。いくつもの神話や神事が遺されており、島のさまざまな場所が信仰対象になっている。

そんな久高島に行った日は、たまたま満月だった。満天の星に大きな月。それだけで神聖な気持ちになるのだけれど、その日の夕暮れ時に海岸に行ったら、あたり一面、オオヤドカリがぶわっと並んでいた。こんなに多くのヤドカリなんて見たことがなくて、何事?と思ったら、満月の大潮に合わせて出産するのだという。

カレンダーもないだろうし、お互いに連絡を取り合うわけでもないだろう。それでもヤドカリは申し合わせたように、この島の海岸に集まってきて子どもを産む。海は万物の母と言われるけれど、海と月、それだけで生命の神秘を感じてしまう。

生き物たちは太陽より月の影響を多く受けている。潮の満ち引きも月の満ち欠けの影響下にある。満月や新月には人間の子どもが生まれやすいとも聞いた。科学的な証明はされていないようだけれど、私たちが自然の一部であるならば不思議ではない。

以前、満月は「満たす」、新月は「排出する」のにふさわしいタイミングなのだと聞いて、なるほどと思った。それで私は、満月の日は山に行き、新月の日は海に行く。私は海も山も大好きで、1カ月に何回かは海にも山にも行く。だったら訪れるタイミングを、月の満ち欠けに合わせようと考えたのだ。もちろん毎月行けるわけではないけれど、タイミングが合えばなるべくそうしている。

山は私にとって、「満たして」くれる場所。きれいな空気を吸って、木々が発する精気を全身に浴びる。いわゆる森林浴だ。山を歩き、おいしい山の幸をいただき、温泉につかる。

一方で、海は私にとってデトックスの場所。静かに波の音を聞いて、体や心にたまったストレスやモヤモヤを浄化して、大いなる海に流していく。

山で満たし、海で浄化する。これを繰り返しながら、都会で疲労した私の心をニュートラルに戻しているのだと思う。

ちなみに一説によると、新月のときはデトックス作用が高まるのだそうだ。ファスティング(一定期間、固形物をとらずに消化器官を休めること)をするのであれば、新月の日がおすすめとのこと。デトックス効果も高まるのかもしれない。

一方、満月のときには吸収する力が高まるらしいので、必要な栄養素をきちんととるといいのだろう。ただし、食べすぎると太りやすくなってしまうので注意が必要(ということになるね笑)。

こんなふうに自然の一部として自分を扱っていくと、不思議と心も体も穏やかになるような気がするのだ。宗教とかではなく、誰だって月を見ていると神聖な気持ちになっていくものだ。電気など存在しなかった太古の人たちにとって、月はさぞかし厳粛でありがたいものだったんだろうな、などと想像を巡らせたりするのも楽しい。

40代、おしゃれを置き去りにしない

年齢を重ねて「何を着ればいいのか、わからない」

このまえ高校生の女の子に「自分の好きな服と、似合う服が違うんです」と相談を受けた。わかる。そうだよね。めっちゃかわいい！　と思う服でも、いざ着てみるとなんか違う。私は中学生のときに身長175センチもあったから、女の子っぽい服が似合わないと思っていたし、そもそもサイズがなかった。いつも男子みたいなかっこうばかりで、ちょっと絶望していた。

そんな私だから言わせてほしい。若いうちは、自分の好きなものを着なさい！　とにかく着てみなくちゃ、自分が似合うものに気づくこともできないから。

大事なのは「この服、着てみたいな」というワクワクした気持ち。ファッションが楽しいと思えるトキメキ。で、着てみて「なんだか似合わない」と思ったら、なぜ似合わないのか考える。丈かな？　サイズかな？　色かな？　いや、この茶髪がいけないんじゃやない？　などなど。そうやって鏡の前であれこれ悩んで、次はこういうのを着てみようと考え始めるのが、おしゃれの入り口。
だからどうぞ、楽しんで洋服をたくさん着てみてください。

と思ったら、今度は50代の女性に「何を着ていいのかわからない」と相談された。ずっと子育てで忙しくて、ようやく子どもが独立して自分にお金がかけられるようになったそうなのだが、「久しぶりにおしゃれを楽しもうと思ったのに、自分に似合う服が見つからないんです」と言うのだ。「昔好きだったシンプルな服を着ても、なんだかヤボったく見えるし、流行の服はしっくりこないしサイズも合わない。でも、デパートの上の階のミセス服には抵抗があるんです」とのこと。
これには驚いた。50代といえば、バブルど真ん中世代。おしゃれを堪能した世代なのになぁ。この世代がおしゃれに見える素敵で買いやすい服、作ってくださいよ。どこかのブランドさん！（もうあるのかもしれないけど）。

この話を聞いて、改めて思った。おしゃれって、随時アップデートが必要なものなのだ。流行に合わせて、自分の体型や容貌の変化に合わせて、「好きな服」を見直しながらいっしょに歩いていく存在。それを一時的にでもやめてしまうから、「私に似合う服がわからない」ということになってしまうのだろう。

大人の女性こそ、おしゃれして出かける機会をどんどんつくろう

でも、なんでそんなことになるんだろう？　40代の編集者さんに聞いてみた。そしたら、「ずっと同じ会社に通っていると、『別にこの服でもいいか』っていう感じになっちゃうんですよ。会社で同僚に会うだけなら、おしゃれしようとは思いません」と言われてしまった。ええ？　それってつきあって3年過ぎた彼とのデートみたい。そうか、そういうことか。

確かに会社に行くだけだったらおしゃれなんてする気になれない。同僚の男性だって、スーツをぐるぐる着まわしているだけだしね。

年齢を重ねた女性たちは、おしゃれをして出かける機会がそもそも減ってしまうのだ。だから「会社に着て行く服」「保護者会に着て行く服」など目的別の実用重視に

なってしまって、おしゃれを楽しめないのではないか。これは、私の仮説だけれど。

だったら、出かけよう。夫や、恋人や、ボーイフレンドと、ときめく外出を増やそう。欧米だと、おしゃれなバーには素敵な大人の男女がいる。日本は若いカップルか、仕事帰りの男性しかいない。残念だ。

女友だちとのお出かけだってもちろんいい。歌舞伎やミュージカルにうんとおしゃれして行くのも楽しいと思う。

デートでなくても、特別なイベントがなくても、おしゃれして出かければ胸はときめく。私はときどき「今日はデートですか?」と事務所の人に聞かれることがあるのだけれど、単に朝の気分で「なんかおしゃれしたい」と思っただけのときもある。事務所に来て、家に帰るだけでも、おしゃれしたいときにはおしゃれするのだ。でないと、おしゃれのしかたを忘れてしまいそうになるから。

デートするときには、何を着るかをものすごく考える。自分が素敵に見える服を選ぶのではなく、ふたり並んだときにいい感じに見える服を探す。「彼は黒のコートを着てくるだろうから、私も黒でいく?」とか「きっと今日はきれいめの服だと思うから、私もそれに合わせよう」というように。事前に「今日は何着てくるの?」とは聞かない。聞かないで考えるのが好き。実際に会ったときに、「やっぱりね」と思えるとうれしいから。相手も同じように考えて、私をイメージして着てきてくれることもあるので、そんなときは2倍うれしい。

洋服は人の心にものすごく大きな影響を与える存在だと思う。セクシーな服を着れば、セクシーな気持ちになるし、表情にも表れる。和服を着れば、自然と落ち着いたしぐさになる。パリッとしたスーツを着れば、自然と背すじが伸びて表情もキリリとする。鮮やかな色の服を着れば、なんだか元気になれる気がする。

洋服で気持ちも行動も変えられる。洋服の力を借りて、いまよりもっときれいになろうよ。

ルーティーンをつくらないのが私のルーティーン

自分で自分を縛らない。いまの自分の心地よさで決める

先日、私のインスタグラムがネットニュースになっていて、思わず笑ってしまった。見出しがすごい。「冨永愛『ラーメンは年2回』の縛りを廃止宣言!」だって。こんなのがニュースになるって、なんか平和すぎる。

ご存知ない人も多いと思うので解説すると、私はラーメンが大好きなのだけれど、トーク番組で「体型維持のためにラーメンは年に2回しか食べない」と言ってしまったのだ。そのせいもあり、いつしか「ラーメンは年2回」と自分の中で縛りになってしまった。でも改めて考えると、オフのときまで自分を縛るのってなんだかバカバカしい。そう思って、インスタグラムで「やめます!」という宣言をしたのだった。

私はどうもストイックなタイプに見られがちだ。でも内面はけっこうゆるい。体型維持はモデルの仕事の一環だから、食べ物にはもちろん気を使う。けれどラーメンを年に2回にしようが5回にしようが、実際には大した違いはない。そこにはこ

だわらなくていい、と決めた。

そもそも私は、決まりごとをつくるのがあまり好きではない。モーニング・ルーティーンや、ナイト・ルーティーンを決めている人も多いようだけれど、私は決めない。決めてしまうと「あ、これやっていなかった」と気になってしまうから。

それでも、どういうわけか気がつけば同じことを繰り返している気もする。

たとえば朝起きたらトイレに行って（それはいらない情報？）、鉄瓶でお湯を沸かす。白湯を作るのだ。鉄瓶で沸かすとお湯がまろやかになるし、鉄分もとれる。鉄瓶で作る白湯はとてもおいしいのだけれど、沸騰させて冷ますまでに時間がかかるので、まずはウォーターサーバーで70度のお湯を飲む。

朝はデトックスの時間だから、朝食に固形物はとらずプロテインを飲む。あと最近お気に入りなのが、なぜかインスタントコーヒー。コーヒー豆を注文したつもりが、うっかりインスタントコーヒーを注文してしまって、何十年かぶりにインスタントコーヒーを飲んだ。中学時代の試験勉強の味がして懐かしかった。でもふと思いついて、アーモンドミルクと甘酒をインスタントコーヒーで割って飲んでみたら、意外とおいしかったのだ。最近はそれがお気に入り。

朝に〝アーモンドミルク甘酒インスタントコーヒー〟を飲みながら、メールに返事を書いたりして、私の一日が始まる。

と、書いていると「ちゃんとルーティーンがあるんじゃない？」と思われるかもしれない。でもね、「続けよう！」とも「続けなくちゃ！」とも思っていないのだ。なんとなく朝にやっていることが、たまたま毎日同じというだけの話。この本が出る頃には、もうまったく別のことをしているかもしれない。

でも、それでいいんじゃないのかな？　いまはこれがベストだと思っていても、半年後の自分にはもっといいものがあるかもしれない。いまはがんばって続けられていても、季節が変われば負担に感じることもある。そのとき、そのときで自分に問いかけて「これやってみようかな」と思うことをやってみる。それでいいと、私は思っている。

Q&A
COLUMN
⑤

老眼が始まったり、
婦人科系で気になる症状があったり。
冨永さんは老化に対してどう向き合って、
メンテナンスしていますか？
（47歳女性）

健康チェックは定期的にしています。
さらに、足りないものを医療などで補ったり……。
人は必ず老いるものです。
私は自分なりのいい老い方ができたらいいなと思っています。
老いるとはどういう人生を送ってきたか、
ということでもありますよね。
言動や顔にもその痕跡が表れると思います。
だから自分的にいい人生を送っていきたいです。
顔のシワもすてきだね、
なんて言われるようになれたら最高ですよね（笑）。

Epilogue

いつ死んでも後悔がないように生きようと、思っている。
きっかけは、半年ほど前に親友を亡くしたことにあると思う。
4年前にがんが見つかって、治療でいったん回復したものの再発。
闘病のすえに亡くなった。
彼女は私より少し年上の44歳で、子どもはまだ中学2年生。
本当に若かった。私にとってかけがえのない人だった。
それをその人の運命と呼ぶのは、あまりにも残酷だと思った。

ずっとずっと、私はがむしゃらに走り続けてきたのだけれど、
それはいつかはくる人生の終わりに向かって
走ってきたと言えるのかもしれない。
人は生まれたときから死に向かっていることに、
私たちは気づかないふりをしている。

どう生きるかということは、どう死ぬかということでもあるというのに。
親友の死が、私にそれを思い出させてくれた。

もちろん死にたくはないけれど、
もし今日や明日、死んでしまうとしたらと考えてみた。
結論はひとつだった。
自分の求めているものに、忠実に生きていこう。そのための選択をしよう、と。

息子や愛する人たちに
「かっこよく生きていたよね。死に際もかっこよかったよね。きっと後悔していないと思うよ」
なんて言われるように、生きていきたい。

生きたいように生きるために、
人はいろいろと大変な思いをする。
経験を積んだり、考え方をポジティブに変えたり、
私たちは日々、さまざまな努力をしながら、もがいている。

この本を手に取ったあなたが、私の生き方を通して、
もし何かを感じてくれたなら、私はとても幸せだ。
それは、私が生きた証しにもなるのだから。

2024年6月　冨永愛

［　p.77 相談窓口の例　］

児童相談所相談専用ダイヤル

0120-189-783

（通話料無料）

※虐待かもと思ったときなどに、
すぐに通告・相談ができる全国共通の電話番号は
「189」でつながります。
「189」への相談は24時間、365日対応しています。
※一部のIP電話からはつながりません。

24時間子供SOSダイヤル（文部科学省）

0120-0-78310

（毎日24時間・通話料無料）

※いじめ問題や子どものSOS全般に悩む保護者や子どもが、
いつでも相談機関に相談できるよう、
都道府県及び指定都市教育委員会が
夜間・休日を含めて24時間対応可能な相談体制を整備。

まもろうよ こころ

https://www.mhlw.go.jp/mamorouyokokoro/

※さまざまな悩みについて
相談を受けつけている団体を紹介する厚生労働省のサイト。
電話で相談しづらい人向けに、
LINEやチャットなどでの相談窓口の紹介もあります。

※これらの情報は2024年5月現在のものです。

冨永 愛

とみなが あい

1982年生まれ。15歳で雑誌モデルとしてキャリアをスタート。17歳でNYコレクションにてデビューし、一躍話題となる。以後、世界の第一線でトップモデルとして活躍。モデルのほかテレビやラジオパーソナリティ、イベント、俳優などさまざまな分野にも精力的に挑戦。俳優としては、2019年放送のTBS日曜劇場『グランメゾン東京』をはじめ、2023年に放送されたNHKドラマ10『大奥』では吉宗役として主演を務め話題となった。日本人として唯一無二のキャリアをもつスーパーモデルとして、チャリティ・社会貢献活動や日本の伝統文化を伝える活動など、その活躍の場をクリエイティブに広げている。2024年4月、全国の伝統文化を訪ねる番組『冨永愛の伝統 to 未来』(BS日テレ)がスタート。公益財団法人ジョイセフ アンバサダー、消費者庁エシカルライフスタイルSDGsアンバサダー、ITOCHU SDGs STUDIO エバンジェリスト。著書に『冨永愛 美の法則』『冨永愛 美をつくる食事』(ともにダイヤモンド社)ほか。

S t a f f

ブックデザイン _ 高木秀幸(hoop.)
撮影 _ Yusuke Miyazaki(SEPT)
スタイリング _ 仙波レナ
ヘア _ Tetsuya Yamakata(SIGNO)
メイク _ Yuka Washizu(beauty direction)
DTP制作 _ 伊大知桂子(主婦の友社)
編集協力 _ 今村紗代子(p. 1 ～16)、神素子(p.18～197)
編集担当 _ 金澤友絵(主婦の友社)

撮影協力 _ バックグラウンズファクトリー
衣装協力 _ ALAÏA(リシュモン ジャパン アライア 03-4572-4500)
VERSACE(ヴェルサーチェ ジャパン https://www.versace.jp)
TOM FORD(トム フォード ジャパン 03-5466-1123)

※本書の売上の一部を児童養護施設で暮らす子どもたちをアウトドア体験でサポートしている「NPOみらいの森」に寄付いたします。https://mirai-no-mori.jp/ja/

冨《とみ》永《なが》 愛《あい》 新《しん》・幸《こう》福《ふく》論《ろん》 生《い》きたいように生《い》きる

令和６年７月31日 第１刷発行
令和６年９月30日 第３刷発行

著 者 | 冨《とみ》永《なが》 愛《あい》
発行者 | 大宮敏靖
発行所 | 株式会社主婦の友社
〒141-0021 東京都品川区上大崎3-1-1 目黒セントラルスクエア
電話 03-5280-7537(内容・不良品等のお問い合わせ)
049-259-1236(販売)
印刷所 | 大日本印刷株式会社

ISBN978-4-07-457076-8

■本のご注文は、お近くの書店または主婦の友社コールセンター(電話0120-916-892)まで。
＊お問い合わせ受付時間 月～金(祝日を除く)10:00～16:00
＊個人のお客さまからのよくある質問のご案内 https://shufunotomo.co.jp/faq/